水質浄化マニュアル

―技術と実例―

本橋 敬之助 著

KAIBUNDO

まえがき

　近年，水辺は生活自然環境の重要な一部を担っているという認識のもとに，流域住民のみならず，国民全体の水域浄化に対する要望は，年々，強まりをみせている。しかし，水辺といえども，その水域が湖沼なのか，それとも河川あるいは排水路のいずれなのかによって，期待される内容もそれぞれに異なってくる。ひいてはそれら水域の浄化となると，一元的にはこと済まなくなってくる。

　もとより，それぞれの水域には，背景の異なる地域特性があり，自ずと水質特性も異なっている。水域の浄化は，対象とする水域でのそれら特性を十分に熟慮し，最良の技術と手法を選択して実施に移されるべきである。

　現在，各地の水域で稼働している，あるいは建設段階にある浄化施設を見聞きすると，中には，一体何を目的に，どのようにしようとしているのかまったく理解のできない施設や，また何を参考にして勘違いしたのか知るすべもないが，浄化にはほど遠い施設もみられる。

　確かに，各地の多くの水域で"浄化"と声高らかに叫ばれているものの，一方では，参考となるような技術や手法に関して系統だった実務レベルでの解説書や指針書が少なく，実際には，ほとんど手にすることができないのが現状である。

　数年前，著者らは千葉県の湖沼，河川および排水路のそれぞれにおいて実施されている種々さまざまな水質浄化方法の実施事例をとりまとめて上梓，そして幸いにも多くの方々から好評をいただいた。これは，恐らく多くの事例と通常の情報ではさほど知り得なかった浄化施設の建設および維持管理の費用，さらには問題点などを実際の現場をとおして解りやすく1冊の本にとりまとめたところにあると思われる。この意味ではその事例一つ一つが完結した技術として十

分に役立つものであったといえる。

　しかし，日進月歩する浄化技術において，今後，さらに望まれることは浄化対象水域でどんな物質が，どのような形態で存在し，そしてそれをどのような技術や手法をもって，どの程度に浄化するべきかについて，手広く網羅した実務レベルでの指針書であるといえる。

　このような状況に鑑み，著者はここ十数年の間，千葉県内での浄化施設設置にあたり，いろいろと指導等を行ってきた現場での経験を踏まえ，勢い本書にて水域の浄化技術について，実施事例を含めマニュアル風にとりまとめてみた。

　本書は，海域を除き，水域を湖沼，河川および排水路に大きく分け，それぞれでの水質浄化技術を系統的にまとめると同時に，特に，今日，水域の浄化において焦眉の急が告げられている窒素およびりんの除去技術について，実用化での事例はきわめて少ないが，その緊急性から，紙面を少なからず割いて言及している。我田引水のきらいはあるが，願わくば，先に刊行した水質浄化の実施事例集と併せて，本書が実務レベルで水域浄化のマニュアル書として，広く関係者の方々に活用いただけるならば，幸いとするところである。

　最後に，本書をとりまとめるにあたり，千葉県の関連機関および市町の関連部局から貴重な資料の提供と活用に便宜を与えられたこと，また多くの文献等から図表などを引用させていただいたことに，この機会を通じ，重ねてお礼を申し上げたい。

　さらに本書の出版に際して，労をお取りいただいた海文堂出版に心からお礼を申し上げたい。

平成13年9月

著者　本橋　敬之助

目　　次

第1章　水域の汚濁と自浄・自濁作用 *1*

第2章　水質汚濁の現状と防止対策 *5*

   2.1　水質汚濁の現状と原因 *5*

   2.2　水質汚濁の防止対策と法的規制 *7*

第3章　生活排水の対策と現状 *11*

   3.1　発生源対策 *13*

       3.1.1　生活排水処理施設と性能　*15*

       3.1.2　家庭内雑排水対策と効果　*18*

   3.2　水域浄化対策 *20*

第4章　水域浄化の取り組みと現状 *25*

   4.1　主要関係省 *26*

       4.1.1　環境省（旧環境庁）　*26*

       4.1.2　国土交通省（旧建設省）　*27*

   4.2　地方公共団体――千葉県を例にして―― *29*

第5章　水域浄化の対象物質と目標 *33*

   5.1　浄化の対象物質と目標 *33*

   5.2　各水域の浄化対象物質とその存在形態 *36*

　　　　5.2.1　湖　沼　*36*
　　　　5.2.2　河　川　*38*
　　　　5.2.3　排水路　*40*

第6章　湖沼の浄化技術と事例 …………………………………… *43*

　　6.1　水生植物の植栽・回収 ………………………………… *44*
　　　　6.1.1　水生植物の種類と生活特性　*44*
　　　　6.1.2　浄化の原理と浄化に利用可能な水生植物　*45*
　　　　【事例1】手賀沼におけるホテイアオイの植栽・回収　*48*
　　　　【事例2】印旛沼におけるヒシ刈り取り　*56*
　　6.2　藻類抑制・除去（回収） …………………………………… *62*
　　　　6.2.1　藻類の種類と特徴　*62*
　　　　6.2.2　浄化の原理と抑制・除去対象の藻類　*64*
　　　　【事例】手賀沼におけるアオコ回収　*67*
　　6.3　浄化用水導水 …………………………………………… *74*
　　　　6.3.1　浄化の原理と実施課題　*74*
　　　　【事例】北千葉導水事業　*76*
　　6.4　浚　渫 ………………………………………………… *78*
　　　　6.4.1　底質の汚濁と防止対策　*78*
　　　　6.4.2　浚渫方法とその特性　*79*
　　　　6.4.3　浄化の原理と効果　*81*
　　　　【事例】手賀沼における浚渫　*83*
　　6.5　ばっ気（循環） ………………………………………… *89*
　　　　6.5.1　溶存酸素の垂直濃度分布と特性　*89*
　　　　6.5.2　浄化の原理とばっ気（循環）の方法　*94*
　　6.6　接触酸化 ……………………………………………… *95*

第7章　河川の浄化技術と事例 …………………………………… *103*

　　7.1　堰構築 ………………………………………………… *106*
　　　　7.1.1　浄化の原理　*106*

7.1.2　堰の種類と問題　*106*

　7.2　薄層流 *107*
　　　7.2.1　浄化の原理　*107*
　　　7.2.2　浄化効果と問題　*108*

　7.3　浄化用水導入 *108*
　7.4　浚　渫 *109*
　7.5　ばっ気 *110*
　7.6　礫間接触酸化 *111*
　　　【事例1】大堀川における礫間接触酸化浄化施設　*112*
　　　【事例2】桑納川における礫間接触酸化浄化施設と
　　　　　　　土壌浸透浄化施設の併設　*121*

　7.7　接触ろ材接触酸化 *130*
　　　【事例】高根川接触酸化浄化施設　*131*

　7.8　その他の浄化技術 *135*

第8章　排水路の浄化技術と事例 *139*

　8.1　接触ろ材接触酸化 *143*
　　　8.1.1　接触材，接触ろ材およびひろ材の用語　*143*
　　　8.1.2　接触ろ材の特性と種類　*144*
　　　8.1.3　接触ろ材を用いた浄化技術の原理　*146*
　　　【事例1】Y市西幹線排水路
　　　　　　　接触酸化浄化施設（分離方式）　*147*
　　　【事例2】人工芝充填浄化施設（直接方式）　*152*
　　　【事例3】礫充填浄化施設（直接方式）　*153*
　　　【事例4】木炭充填浄化施設（直接方式）　*154*
　　　【事例5】休耕田を利用した
　　　　　　　波板ろ材充填浄化施設（分離方式）　*156*
　　　【事例6】流動床式生物膜ろ過浄化施設（分離方式）　*159*
　　　【事例7】その他の接触酸化浄化施設と全体のまとめ　*159*

　8.2　湿地（アシ原）の活用 *161*

8.2.1　湿地の区分と定義　*162*
　　　8.2.2　自然湿地の機能と特性　*164*
　　　8.2.3　人工湿地の創出と水質浄化機能　*165*
　8.3　植物の活用 *167*
　　　8.3.1　水耕生物ろ過　*168*
　　　8.3.2　リビングフィルター　*171*
　　　8.3.3　バイオフィルター・システム　*173*
　　　8.3.4　バイオジオフィルター　*173*
　　　8.3.5　ヨシフィルター　*174*
　　　8.3.6　その他　*175*
　8.4　各種排水処理技術の活用 *177*

第9章　窒素およびりんの除去技術と事例 *185*

　9.1　窒素の除去技術 *188*
　　　9.1.1　硝化液循環法　*189*
　　　　【事例1】河川水を対象にした
　　　　　　　　実験レベルでの窒素除去　*191*
　　　　【事例2】排水路における小規模レベルでの窒素除去　*194*
　　　9.1.2　微生物固定化法　*196*
　　　9.1.3　生物膜法　*198*
　　　9.1.4　イオン交換法　*199*
　9.2　りんの除去技術 *201*
　　　9.2.1　嫌気・好気法　*202*
　　　9.2.2　凝集沈殿法　*204*
　　　　【事例】大津川支流（逆井）りん除去施設　*207*
　　　9.2.3　晶析法　*209*
　　　9.2.4　鉄材浸漬法　*211*
　　　　【事例】鉄材を用いた排水路汚濁水中のりん除去　*212*
　9.3　窒素およびりんの同時除去技術 *217*

索　引　*223*

第1章

水域の汚濁と自浄・自濁作用

　清冽な水を満々と湛えた湖沼，滔々と流れる河川といえども，いずれは自然の歴史的過程（地質的年代を経て）の中で蓄積・堆積されたいろいろな物質によって汚濁が生じる。

　今日，一般的にいわれている水域の汚濁とは，この自然発生的な汚濁とは別に，人為的な原因によって流域等から流出したある物質が水質に変化をきたしたり，水域の生態系を変化あるいは破壊，水利用の用途に不都合をきたす，また人体に悪影響や被害を与えることなどのような事態を指しているが，事態の深刻さは汚濁物質の特性と，その汚濁防止対策の難易度との兼ね合いに大きく依存している。たとえば，生物を死に追いやる劇毒性の物質や，「イタイイタイ病」の原因物質であるカドミウムおよび「水俣病」のメチル水銀などのような金属性の物質は，人の健康を直接損ねるという点できわめて危険であるが，その防止対策は，排出源が明らかで，しかも人為的な原因であるならば，過去は別として，今日では法的措置（排水の基準と規制，人の健康に関する環境基準の監視等）や行政指導の強化などによって比較的短期間のうちに可能である。

　これに対して，後章で詳述するように，劇毒物質ではないが，今日の公共用水域における主要な汚濁要因である生活系排水由来の有機性物質や，窒素およびりんなどの栄養塩類物質による汚濁については，「生活環境の保全に関する環境基準」に基づき，法的には一応監視できるものの，その防止対策は，生活排水の主な発生源が個々の一般家庭にあることから，規制は容易ではなく，影響はかな

り長期間にわたるものといえる。今日における水環境の焦点である富栄養化*1は,まさにその典型的な例である。

しかし,これらの物質といえども,いったん水域への流出を余儀なくされるとするならば,水中では

1. 物理的作用：希釈,拡散・混合,沈殿など
2. 化学的作用：酸化・還元,吸着,凝集,中和・分解など
3. 生物学的作用：微生物による分解無機化や硝化・脱窒,生物濃縮など

の諸作用を受け[3]〜[5],いわゆる広義における自然水界の自浄作用*2 によって量的,あるいは濃度が減少をきたすことになる。反面,また自然水界には,沈殿・沈降などの物理学的作用によって湖沼床(河床)に堆積,また底泥に蓄積した有機物質の生化学的分解に伴う溶存酸素の消費によって底層水の嫌気化,さらにはその条件下において生じる底泥からの栄養塩類物質等の溶出,そしてそれら物質を栄養源として吸収し大量に生産される藻類(主として植物プランクトン)による2次汚濁など,いわゆる自濁作用*3 によって汚濁が助長されることもある。

要するに,自然界の水域には汚濁を抑制し,浄化しようとする自浄作用と,また汚濁を助長しようとする自濁作用の2つの面があるといえる。そして水域の汚濁とは,概念的には人為的汚濁と自然水界での自濁作用が自浄作用を凌いで生じた現象とみなすことができる。

---

*1 富栄養化：かつてアメリカのマジソンで開催された富栄養化に関する国際シンポジウムで,富栄養化という言葉の理解における混乱を避けるため,"富栄養化"と"富栄養化の影響"という言葉を厳密に区別し,前者は単に水域における栄養塩類物質の増加のみ,後者はそれによってもたらされるすべての変化を意味すべきであると提言された[1]。しかし,今日的には,淡水,汽水および海水を問わず,窒素,りんの栄養塩類物質が過剰に増加,その結果藻類(主として植物プランクトン)が大量に生産され,水質に2次的な影響を及ぼす一連の過程を意味しているといえる[2]。

*2,3 自浄作用および自濁作用：狭義の自浄作用とは,汚濁物質が酸化分解されて無機化する現象を指すべきとする説があるが[3],たとえば,有機物質が窒素,りんに無機化され,そしてこれらの物質がさらに藻類の生産をもたらしたとするならば,むしろ自濁作用と称することができよう。この意味では,自浄と自濁は,水域をめぐって生じる何らかの利害の程度によって評価のし方が変わる,まさに表裏一体の関係にあるといえる。

本書がこれから取りあげ，いうところの浄化とは，汚濁した水域で種々さまざまな手法と技術を駆使して自然が本来持っているところの自浄作用を人為的に助長または回復させること，あるいは自然の自浄作用とは全く無関係に，人為的・技術的に半ば強制的に代替することである。

【文献】

1) Rohlich, G. : Eutrophication, causes, consequences, correctives. *National Acad. Soc.*, Washington D.C., 661pp., (1969)
2) 本橋敬之助：富栄養化の機構解析における基本的問題点—特に，藻類の生産に関して—，月刊「水」, 23(11), No.316, 28–31 (1981)
3) 手塚泰彦：環境汚染と生物 II —水質汚濁と生態系— (生態学講座・34)，共立出版，71+3pp., 東京 (1972)
4) 宗宮 功 (編)：自然の浄化機構，技報堂出版，252pp., 東京 (1990)
5) 公害防止の技術と法規編集委員会：五訂・公害防止の技術と法規—水質編—，産業環境管理協会，668pp., 東京 (1996)

第2章

水質汚濁の現状と防止対策

2.1　水質汚濁の現状と原因

　平成10年度の全国公共用水域水質測定結果によると[1]，カドミウム，シアンなどの「人の健康の保護に関する環境基準」の達成率は99.5％と，ほぼ満足している。しかし，「生活環境の保全に関する環境基準」の一つで有機汚濁の代表的な指標である生物化学的酸素要求量（BOD），あるいは化学的酸素要求量（COD）の水域別（河川はBOD，湖沼・海域はCOD）における達成率をみると，河川は81.0％，湖沼40.9％，海域73.9％であり，特に湖沼，内湾，内海等の閉鎖性水域および都市内中小河川については，依然として達成率が低い。

　このような汚濁状況の背景として，国の環境白書は[1]，「工場，事業場排水に関しては，排水規制の強化等の措置が効果を現している一方，炊事，洗濯，入浴等人の日常生活に伴って排出される生活排水については，下水道整備等がいまだ十分でないなどの対策が遅れている。特に，流域内に人口や産業が集中する都市内等の河川や，手賀沼，印旛沼などのように流域の都市化が進んでいる湖沼においては，下水道の整備等が人口の増加に追いつかず，排出負荷量のうち生活排水の占める割合が大きい」と報告している。

　生活排水に起因した公共用水域の水質汚濁は，いまや全国レベルで早急な解決が望まれる社会的緊急課題の一つであり，上述の手賀沼や印旛沼はまさにその全国に先駆けて顕在化した典型的な例示であるといえる。特に，手賀沼は，か

つてはガシャモク (*Potamogeton lucens* L. var. *teganumensis* MAKINO) の学名をもつ沈水植物で知られた水生植物の一大宝庫であったが[2)3)]，今は，環境庁が全国公共用水域水質測定結果を初めて発表した昭和49年から平成10年までの25年間にわたり連続して，全国一に有機汚濁が進んだ湖沼として，その汚名を世にさらしている。

　千葉県は，この汚濁について，すでに昭和45年版の公害白書の中で[4)]，「柏市，我孫子市の下水がほとんど流入しているうえに，沼水の流動が乏しいため…，さらにはりん，窒素，その他有機物の流入増加による富栄養化も進んでいる」，また昭和46年版では[5)]，「特定工場が，主要汚染源ではなく，いわゆる大規模な住宅団地の開発等に伴う，生活汚水が中小河川を通じ沼に流入し汚染を進行させている」と，生活排水をその主因として指摘している。そしてこの生活排水，およびこれに起因した富栄養化が，今なお，手賀沼汚濁の主因であることは，ごく最近の千葉県環境白書にも[6)]，「窒素，りんなどが栄養源となりプランクトンが多量に発生・増殖することも，汚濁の大きな原因となっている」という表現で明記されている。

　表2.1は，手賀沼流域における一日あたりの系別汚濁発生負荷量を示している(平成11年度末現在)。一般に，汚濁発生源としては，次節で述べるように，大きくは生活系，産業系，自然系の3つに分けられるが，COD をみると総発生負荷量 (4,685 kg/日) の63.7％を占める2,985 kgは生活系由来である。また，窒素およびりんの総発生負荷量に占める生活系の割合は，それぞれ57.4％，66.7％と，すこぶる高く，生活系排水が手賀沼の汚れの主因になっていることを物語っている。

　一方，わが国の代表的な閉鎖性海域であり，また昭和54年以後水質総量規制が数次にわたって実施されている東京湾，伊勢湾，瀬戸内海の各海域における COD 負荷量を発生源系別 (平成6年度現在) でみると[7)]，表2.2に示すように，いずれの海域も生活系が高い割合を占め，汚濁の主因になっている。

　ともあれ，全国各地の公共用水域における汚濁の主要な原因が生活系排水に由来することは，手賀沼や総量規制対象海域をみるまでもなく，紛れもない事実

であり，また現状でもある。このことは，言うなれば，今日の水質汚濁防止には，生活排水対策がもっとも重要な鍵を握っていることを意味している。

表2.1 手賀沼流域における一日あたりの系別汚濁発生負荷量
(平成11年度末現在)

汚濁項目	負荷・割合	系別汚濁発生源			合計
		生活系	産業系	自然系	
COD	負荷量 (kg/日)	2,985	286	1,415	4,685
	割合 (%)	63.7	6.1	30.2	100
T-N	負荷量 (kg/日)	1,142	247	600	1,988
	割合 (%)	57.4	12.4	30.2	100
T-P	負荷量 (kg/日)	122.4	35.1	26.0	183.5
	割合 (%)	66.7	19.1	14.2	100

(千葉県環境生活部水質保全課資料より作成)

表2.2 総量規制海域におけるCODの発生源系別負荷量

海域	発生源			総発生負荷量
	生活系	産業系	その他	
東京湾	197 (68.9%)	59 (20.6%)	30 (10.5%)	286
伊勢湾	134 (54.5%)	83 (33.7%)	29 (11.8%)	246
瀬戸内海	365 (48.9%)	309 (41.4%)	72 (9.7%)	746

(文献[7]より作成)

〔備考〕1. 単位：トン/日
2. 括弧内：総発生負荷量に占める系別負荷量の割合

2.2 水質汚濁の防止対策と法的規制

水質の汚濁発生源は，系別には，大きく下水処理場・一般家庭などの生活系，工場・事業場・畜産などの産業系，そして山林・畑・水田などの自然系の3つに分けられるが，水質汚濁防止における最善にして，かつ基本的な方策は，これら

発生源での徹底的な負荷削減にある。このことは，生活系排水を主因とした今日の水質汚濁はもとより，環境のいかなる問題においても同様である。

産業系および自然系における汚濁負荷削減については，関連する法律（水質汚濁防止法，農用地の土壌の汚染防止等に関する法律，廃棄物の処理及び清掃に関する法律など）や環境基準（水質汚濁に係る環境基準，土壌の汚染に係る環境基準など）に基づく排水規制，規制対象業種の拡充，総量規制，上乗せ排水基準，未規制項目の調査とその基準設定などの規制措置や監視測定の強化と徹底実施に加え，工場・事業場での最新水処理技術の導入などによって効果が確実に得られている。

しかし，生活系，特にその大きな発生源である一般家庭からの生活排水については，今までは，各家庭での生活様式，家族構成，住居環境などにおける事情の違いから，法律や行政指導等によって一律に規制を行うことができず，ほとんどの家庭で未処理のまま排出されていた。

国は，このような状況にあってその対策の重要性に鑑み，「まず，生活排水対策を今後一層推進するためには，市町村，都道府県，国がそれぞれどのような役割分担の下で生活排水対策を推進すべきかを明らかにする必要があり，行政としての責任を明確にする。次に，これまで，生活排水の排出に関する一般的な規制法がなかったが，発生源が家庭であり，国民の自覚，行政への協力なくしては生活排水対策の推進は望めないことから，はじめて，生活排水対策を推進するに当たっての，国民の心がけ，努力について規定を設ける」という趣旨に基づき[8]，水質汚濁防止法の一部を改正し（平成2年9月22日施行），生活排水対策に関する規制を整備した。

そして，その中で生活排水に対する国および地方公共団体の責務としては，第14条4項の3で「国は，生活排水の排出による公共用水域の水質汚濁に関する知識の普及を図るとともに，地方公共団体が行う生活排水対策の実施に協力しなければならない」と規定，一方，国民の責務としては，第14条5項で「何人も，公共用水域の水質の保全を図るため，調理くず，廃食用油等の処理，洗剤の使用等を適正に行うように心がけるとともに，国又は地方公共団体による生活排水

対策の実施に協力しなければならない」,また生活排水を排出する者の努力としては,第14条6項で「生活排水を排出する者は,下水道法その他の法律の規定に基づき生活排水の処理に係る措置を採るべきこととされている場合を除き,公共用水域の水質に対する生活排水による汚濁の低減に資する設備の整備につとめなければならない」と規定し,いわば生活排水の汚濁発生源対策に対して官民が一体となって取り組まなければならない土俵ができあがったといえる。

なお,ここで,生活排水という用語についてであるが,水質汚濁防止法の第1章第2条8項では,「生活排水とは,炊事,洗濯,入浴等人の生活に伴い公共用水域に排出される水(排出水を除く)をいう」と定義している。しかし,廃棄物の処理及び清掃に関する法律の第6条1項について一部改正された一般廃棄物の処理に関する計画の中では,「生活排水は,し尿,生活雑排水および浄化槽汚泥等をいう」と,多少内容を異にして定義されており,今後,その用語をめぐっては対応する法律によって混乱を招く恐れがある。

このことから,本書ではこの用語については慣用的に用いられている内容,すなわち"生活排水"とは,し尿,炊事,洗濯,入浴など人の生活活動に伴って排出されるすべての排水を指し,そしてこれらからし尿を除いた排水を"生活雑排水"として,それぞれ用語を区別して用いることにする[9]。実際,この取り扱いの方が水質汚濁との関連では,その対策を含め一般的に理解しやすいように思われる。なぜならば,し尿そのものについては,浄化槽法の第3条1項に「下水道法第2条第6号に規定する終末処理場を有する公共下水道及び廃棄物の処理及び清掃に関する法律第8条に基づくし尿処理施設で処理する場合を除き,浄化槽で処理した後でなければ,し尿を公共用水域等に放流してはならない」と規定されているように,不慮の災害等を除き水質汚濁の直接の原因にはなり得ないからである。

これに対して,生活雑排水は,水質汚濁防止法の一部改正によって生活排水に関する規定が整備されたというものの,実際には生活雑排水の未処理放流等について罰則が定められているわけではなく,その規定の遵守はまったく個々人の意志に委ねられており,生活雑排水による水質汚濁は今後とも不可避的に継

続して起こり得ると考えられるからである。

【文献】

1) 環境庁編：平成12年版「環境白書」(各論), 67–76 (2000)
2) Nakano, H.: The vegetation of lakes and swamps in Japan. 1. Teganuma (Tega's swamp). *Bot Mag.*, 25, 35–51 (1911)
3) 本橋敬之助：閉鎖性水域環境と浄化—水質ワースト1「手賀沼」をケース・スタディとして—, 公害対策技術同友会, 168pp., 東京 (1992)
4) 千葉県衛生部公害対策局公害対策課編：千葉県公害白書 (昭和45年版), 135–138 (1970)
5) 千葉県衛生部公害対策局公害対策課編：千葉県公害白書 (昭和46年版), 84–87 (1971)
6) 千葉県環境部：環境白書 (平成11年版), 113–117 (2000)
7) 環境庁編：平成12年版「環境白書」(各論), 84 (2000)
8) 環境庁：水質汚濁法の一部を改正する法律の施行について (環水規第216号), 平成2年8月1日
9) 生活排水研究会編：生活雑排水対策実務マニュアル, 公害対策同友会, 93pp., 東京 (1991)

第3章

生活排水の対策と現状

　個々の家庭を発生源とする生活排水が今日の水質汚濁における主因であり，そしてその防止に発生源対策がいかに重要であるかは，すでに前章で触れたように，法律（水質汚濁防止法第2章の2，生活排水対策の推進）によっても裏付けされているところである。しかしながら，発生源対策の不備や，未処理での放流を余儀なくされている，また処理施設の不適切な維持管理や不良整備など，さらには法律による規制を逃れての不法放流によって水質汚濁がかなり進行している水域では，発生源対策とは次元を異にして，水質浄化の新たな方策を編み出す必要がある。この意味では，生活排水対策は，生活排水の発生源そのものと，生活排水によって汚濁した水域（湖沼，河川および排水路等）のそれぞれで個々に講じられるべきである[1)2)]。

　図3.1は，以上のような考え方に基づき，既存の関連文献などを参考にして[1)〜6)]，生活排水対策とその体系を総括的に取りまとめ示したものである。

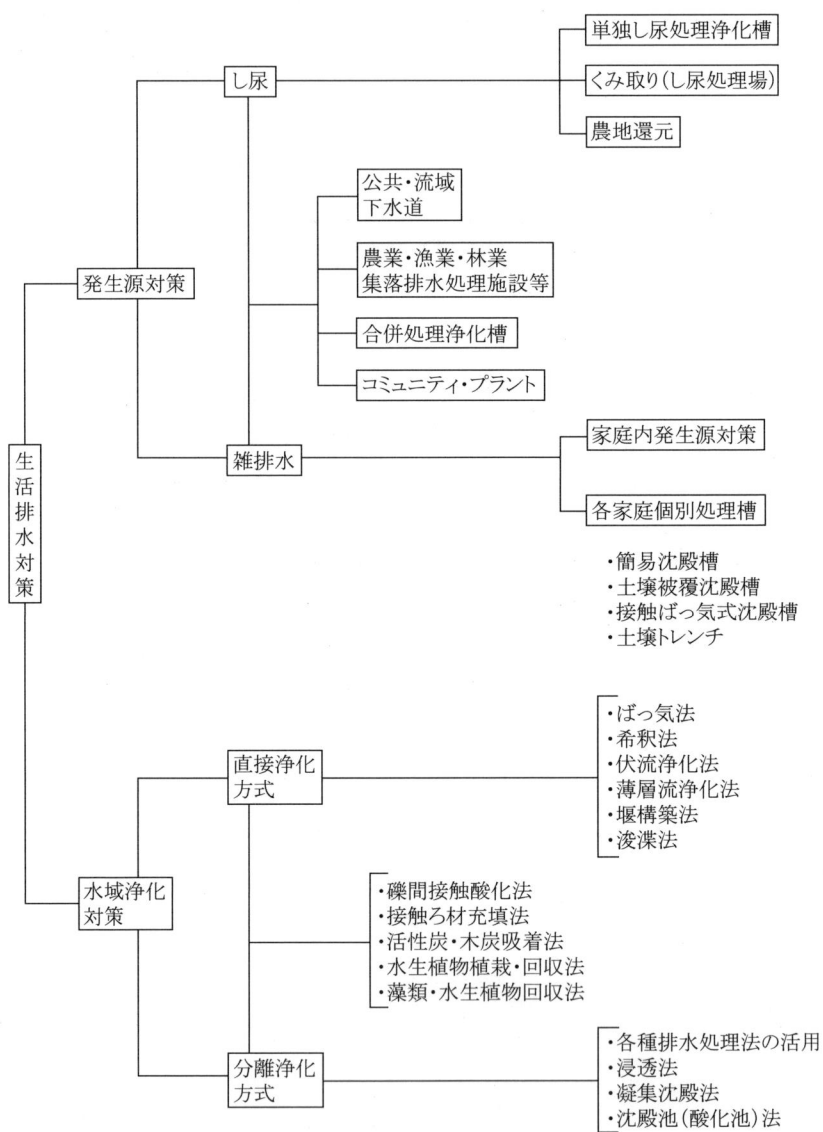

図 3.1 生活排水対策とその体系[1)～6)]

3.1 発生源対策

生活排水の発生源対策として,現在,整備されている排水処理の施設は,図3.1に示したように

1. 生活排水,いわゆるし尿と雑排水を同時に処理
2. し尿はくみ取り,あるいは農地還元し,雑排水のみを個別的に処理
3. し尿のみを処理し,雑排水はたれ流し

の3つの方式がある。そしてこれらのうち,特に今日の水質汚濁と関連して大きな問題を抱えているのは,生活雑排水はたれ流しで,し尿は単独処理浄化槽の施設等で処理する方式である。確かに,この方式では,し尿は法律に違背することなく処理して排出しているが,雑排水は,ほとんど未処理(たれ流し)のまま公共用水域に放流される。

これに関連して,平成10年度末におけるわが国の生活排水処理施設別整備状況をみると[7],総人口(住民基本台帳人口)1億2,586万人のうち,58.0％に相当する7,331万人は下水道,6.3％相当の798万人は合併処理浄化槽,1.6％相当の201万人は集落排水施設,そして0.3％相当の40万人はコミュニティ・プラントと,総人口の66.3％に相当する8,349万人は生活排水(し尿と雑排水)をそれぞれの施設で処理しているが,残りの33.7％に相当する4,237万人については,雑排水を未処理で排出している人口とみなすことができ,極めて深刻である。

最近,厚生省は,このような事態を踏まえ,「単独処理浄化槽は,負荷の大きい雑排水を未処理で放流するのみならず,し尿に係る汚濁負荷も大きく,…略…,特に単独処理浄化槽が新設されれば,その時点から水環境に与える悪影響を長期間固定するもので,早急に廃止する必要がある。…略…。今回の改正は,このような生活排水対策への社会的高まりに対応して,単独処理浄化槽の新設廃止のための法的措置を講じるものである」という趣旨に基づき,浄化槽法の一部改正に踏み切った。

その要綱をみると,法の第2条第1号関係では浄化槽の新設において合併浄化槽の設置を義務づけるため,「浄化槽の定義から,し尿のみを処理する浄化槽を

除外」，第3条第2項関係では雑排水の未処理での放流を禁止するため，「何人も，浄化槽で処理した後でなければ，浄化槽をし尿のために使用する者が排出する雑排水を公共用水域等に放流してはならない」，そして付則第3条関係では既存の単独処理浄化槽の合併処理浄化槽への設置替えおよび構造変更を促すため，「既存単独浄化槽を使用する者は，雑排水が公共用水域等に放流される前に処理するため，し尿および雑排水を処理する浄化槽の設置等に努めなければならない」として，この法を平成13年4月1日から施行することにした[8]。

しかし，この法整備によって未処理の雑排水問題が今後に向けて確実に解決を迎えたわけではない。なぜならば，一つは，法改正で浄化槽による雑排水の処理等について，第2条の2第1項で，「…前略…。ただし，下水道法第5条第1項第1号に規定する予定処理区域内の者が排出するし尿のみを処理する設備又は施設については，この限りではない」として，合併処理浄化槽設置の義務づけを除外し，単独処理浄化槽の設置を例外的に認めるに等しいと受け止められる内容となっていることである。

ちなみに，これに関連して，下水道予定処理区域の人口が平成10年度末現在でわが国総人口の7～8％に相当する900万人いる[9]。そして，さらにこれに該当する人口は，今後，下水道予定処理区域の拡大にともなって増加する可能性を秘めている。

二つめは，平成11年3月現在で，全国に約727万基の単独処理浄化槽（雑排水については，現在のところ，未処理のまま排出が可能）が設置されているが[9]，これらを，法改正の新たな施行にともなってどのようにして合併処理浄化槽に設置替えし，また構造変更をさせるかの具体策については，まったく手つかずの状況にある。

いずれにしても，このようなことから，雑排水の未処理放流については，当分の間，避けがたい問題として残ることは明らかであり，この間にあっては，図3.1に示したように，雑排水のみを対象とする対策を別途講じる必要がある。

3.1.1 生活排水処理施設と性能

生活排水の抜本的な対策として，下水道の普及が強く叫ばれているが，その全国各地での普及率（平成10年3月現在）をみると，和歌山県の8％が最低，そして東京23区および大阪市の100％を最高にして全国平均で58％，また一般都市および政令都市では，それぞれ47％，97％となっている[10]。

表3.1は，下水道による生活排水の処理性能を示す例として，千葉県にある印旛沼（全体計画処理人口；1,892.1千人），手賀沼（970.3千人），江戸川左岸（1,756千人）の3流域下水終末処理場（いずれの処理場も活性汚泥法と急速ろ過を組み合わせた処理方式）における流入水と放流水の水質の平均，最小および最大濃度と，除去率を示している[11]。

表 3.1 流域下水終末処理場における流入水および放流水の水質の平均（最小〜最大）濃度と除去率

水質項目	pH	BOD (mg/ℓ)	COD (mg/ℓ)	SS (mg/ℓ)	T-N (mg/ℓ)	T-P (mg/ℓ)
水質汚濁防止法第3条に基づく排水基準	5.8〜8.6	20以下	—	70以下	120以下	16以下
流入水	7.5 (7.3〜7.6)	208 (167〜272)	87 (79〜98)	163 (141〜172)	31.2 (26.1〜34.2)	4.16 (3.54〜5.18)
放流水	7.3 (6.9〜7.6)	1.2 (ND〜2.9)	9.4 (8.8〜10.1)	2.0 (1.1〜2.4)	15.8 (13.3〜18.8)	1.01 (0.41〜1.98)
除去率(%)	—	99.4	89.2	98.8	49.2	75.7

〔備考〕括弧内：最小濃度〜最大濃度　（千葉県都市部下水道建設課[11]より作成）

放流水の水質をみると，水質汚濁防止法第3条に基づく排水基準が20 mg/ℓ以下のBOD（生物化学的酸素要求量）は，平均濃度で1.2 mg/ℓ（最小濃度ND〜最大濃度2.9 mg/ℓ），そして排水基準が70 mg/ℓ以下のSS（懸濁物質）は2.0 mg/ℓ（1.1〜2.4 mg/ℓ）と，それぞれ99％前後の除去率で処理されている。また，排水基準が120 mg/ℓ以下のT-N（全窒素）と16 mg/ℓ以下のT-P（全りん）については，それぞれ15.8 mg/ℓ（13.3〜18.8 mg/ℓ），1.01 mg/ℓ（0.41〜1.98 mg/ℓ）と，

ともに排水基準を十分に満たしている。

しかしながら,これら放流水の栄養塩類濃度を,表3.2および表3.3のそれぞれに示した,水稲の観察および耕作者からの聞き取り調査結果と水質の汚濁程度の関係[12],そして農業用水の水質の良否を判定する汚濁程度別濃度分級[13],また表3.4に既存の文献から取りまとめて示した淡水性植物プランクトンの最適生長に必要な各種化学元素の最低必要濃度[14]のそれらと対比してみると,下水処理場からの放流水は,農業用水としての用途はほとんど絶望的であるばかりではなく,あたかも植物プランクトンの大量培養液に匹敵するほどであるともいえる。

表3.2 水稲の観察および耕作者からの聞き取り調査結果と水質の汚濁程度[12]

水質の汚濁程度	水稲観察調査	耕作者からの聞き取り調査
0	水稲生育正常	汚濁を認めず
1	水口付近のみ過繁茂,倒伏せず	汚濁を認めず
2	全面過繁茂,水口付近のみ倒伏	汚濁を認める
3	全面倒伏	汚濁を認め用水として使用中止,または著しく減肥,身体異常を認める

表3.3 農業用水の汚濁程度別濃度分級[13]

水質項目	汚濁程度			
	0	1	2	3
全窒素 (mg/ℓ)	2以下	2〜4	4〜8	8以上
アンモニア態窒素 (mg/ℓ)	0.5以下	0.5〜2	2〜5	5以上
COD (mg/ℓ)	7以下	7〜10	10〜17	17以上
全りん (mg/ℓ)	0.2以下	0.2〜0.5	0.5以上	

〔備考〕汚濁程度 0:農業用水として汚濁のない水質
　　　　　　　　1:許容される限界の水質
　　　　　　　　2:適正な限界を越え対策が必要な水質
　　　　　　　　3:著しく汚濁され,対策を講じても被害を生じる

表3.4 いろいろな淡水性植物プランクトンの各種化学元素に対する最低必要濃度 (mg/ℓ)[14]

種	研究者	N	P	Fe	Ca	Mg	Na	SiO$_2$
Pediastrum Boryanum	Chu	0.69	0.045	0.02	0.2	2.4	0.04	2.0
Staurastrum paradoxum	〃	0.85	0.089	—	0.2	4.0	0.0	0.0
Botryococcus Braunii	〃	0.35	0.089	—	0.02	0.0	0.04	0.04
Nitzschia palea	〃	1.30	0.018	—	0.9	0.1	—	0.8
Fragilaria crotonensis	〃	0.26	0.018	—	0.02	0.1	—	19.6
Asterionella gracillima	〃	0.51	—	—	0.18	0.01	—	9.8
Tabellaria flocculosa	〃	—	0.045	0.3	10.0	1.0	—	2.0
Ankistrodesmus falcatus	Rodhe	5.0	0.2	0.04	0.0	0.1	—	9.8
Microcystis aeruginosa	Gerloff et al.	6.8	0.45	0.06	0.25	2.5	—	—

〔備考〕
Chu, S.P.: The influences of the mineral composition of the medium on the growth of plankton algae. 1. Methods and culture media. *J. Ecol.*, 30, 284–325 (1942)
Rodhe, W.: Environmental requirements of fresh-water plankton algae. *Symb. Bot. Uppsal.*, 10, 1–149 (1948)
Gerloff, G., G.P. Fitgerald and F. Skoog: The mineral nutrition of Microcystis aeruginosa. *Amer. J. bot.*, 39, 26–32 (1952)

一方,表3.5は,多くの既存文献から取りまとめた合併処理浄化槽および単独処理浄化槽における処理水の水質濃度を示しているが[15),これをみると,国が浄化槽法の一部改正を行い設置の推進を図ろうとしている合併処理浄化槽は,下水道には及ばないが,単独処理浄化槽に比べてはるかに高い処理性能を有している。

表3.5 合併処理浄化槽と単独処理浄化槽における処理水の水質濃度

浄化槽	水質項目			
	BOD (mg/ℓ)	COD (mg/ℓ)	T-N (mg/ℓ)	T-P (mg/ℓ)
合併処理浄化槽 (10人以下)	12.8	18.4	28	3.5
単独処理浄化槽 (20人以下)	64	70	120	13.4

(藤村[15] より作成)

なお,ここで,参考までに各家庭からバキューム車でくみ取りしたし尿の処理を行う,いわゆるし尿処理場における放流水の水質を千葉県柏市し尿処理場 (処理方法:低希釈2段活性汚泥法+凝集沈殿法,処理能力:280 kℓ) の例でみると,pHは7.3 (排水基準;5.6〜8.6),BODが1 mg/ℓ未満 (60 mg/ℓ以下),CODが8 mg/ℓ (未設定),SSが2 mg/ℓ未満 (110 mg/ℓ以下),T-Nが2.2 mg/ℓ (未設定),そしてT-Pは0.03 mg/ℓ (未設定) と,いちじるしく高度処理されている (柏市による平成11年7月29日の調査結果;私信).

3.1.2 家庭内雑排水対策と効果

未処理で排出される雑排水の対策には,図3.1に示したように,雑排水個別処理施設の設置と,住民自らの生活雑排水に対する意識の高揚に伴って創意工夫され,実践される家庭内対策がある。これらの具体的な対策の体系や効果等については,詳しくは著者らの執筆による資料[6]を参照願うとして,ここでは,特別な費用を必要とせず,しかも,今すぐ,誰もが簡単に実践でき,また効果が大いに期待できる具体的な家庭内雑排水対策について概略を述べる.

表3.6は一般家庭での雑排水の用途別汚濁負荷量原単位を示しているが[16],炊事 (台所) 由来の排水量は風呂,洗濯等に比べて少ないものの,汚濁負荷量は他の用途排水に比べもっとも大きい.このことから,雑排水対策の最大の鍵は,多量の調理くずや残飯などの固形物のほかに,洗浄に厄介な油分や汁物を含む,いわゆる台所排水にあるといえる.そしてこの汚濁負荷削減のために家庭でできる具体策としては

1. 食べ残しがないように調理する
2. 調理くずや食べ残しは，できるだけ流し台で回収し，生ごみとして処分する。その回収方法としては
   - 流し台に"ろ過袋"をセットした三角コーナーを常備する
   - 流し台の目皿および落下口ストレーナー（通称，ごみ取りかご）には，目の細かいものを用いる
3. 食用油はできる限り使いきるように心掛け，やむを得ず捨てる場合には，ぼろきれや紙類などにしみ込ませて生ごみとして処分する
4. 調理器具や食器類についた油分，汁かすなどは紙類などで拭きとってから洗う
5. 米のとぎ汁や野菜等の洗い水は，庭木などにやる

などが考えられる[17]。

表3.6 生活雑排水の用途別汚濁負荷量原単位[16]

項目	用途				合計
	風呂排水	炊事排水	洗濯排水	その他	
排水量 (ℓ/人·日)	69	46	83	9	207
BOD (g/人·日)	8.86	19.42	3.86	0.94	33.08
COD (g/人·日)	2.37	9.08	1.75	0.85	14.05
SS (g/人·日)	3.66	9.81	2.17	1.23	16.87
T-N (g/人·日)	0.34	0.56	0.30	0.07	1.27
T-P (g/人·日)	0.04	0.12	0.24	0.06	0.46

表3.7は，以上に掲げた台所排水対策と，他の用途排水についても家庭内で容易に実施が可能と考えられる以下の対策

6. 洗濯には無りんの洗剤を適量使い，洗濯機にはくず取りネットを取りつける

7. 側溝は定期的に清掃し，汚泥の排水路および河川への流出を防止する
8. ディスポーザー（台所用ゴミ粉砕器）を使用しない
9. 単独処理浄化槽や，合併処理浄化槽は定期的に維持管理をする

を加えて，これらを総合的に実践した場合における汚濁負荷削減の効果を示したものである[17]。この表の中でA団地は23戸（90人）から構成され，単独処理浄化槽の処理水と雑排水を放流，またB団地は10戸（34人）で雑排水のみ（し尿はくみ取り）を放流している。

結果は，汚濁負荷削減率でSSがA団地で約50％，B団地が37％，BODはそれぞれ38％，53％，そしてCODは32％，42％と，いずれも高い値が得られ，雑排水由来の汚濁負荷削減に家庭内対策がいかに重要で効果的であるかを示唆している。

表3.7 住民による家庭内生活雑排水対策の実践前・後における水質の汚濁負荷量原単位とその削減率[17]

	対策	項　目					
		排水量 (ℓ/人·日)	SS (g/人·日)	COD (同左)	BOD (同左)	K-N (同左)	T-P (同左)
A団地	対策前	343	27.0	18.8	42.0	7.47	0.95
	対策後	343	13.6	12.7	26.0	5.27	0.73
	削減率(%)	—	49.6	32.4	38.1	29.5	23.2
B団地	対策前	195	14.7	22.5	39.7	1.07	0.20
	対策後	206	9.3	13.1	18.8	0.56	0.12
	削減率(%)	—	36.7	41.8	52.6	47.7	40.0

3.2　水域浄化対策

水域浄化の対策としては，他の環境保全対策と同様，概念的には抜本的，対症療法的，予防的の3つがあるが，水域内には発生源と称するものがほとんどないため，その抜本的対策については，まずはあり得ない。とするならば，水域での浄化は，あくまでも対症療法的および予防的な対策が中心となる。

図3.1に示した水域浄化対策は，現在，各地の水域で実施されている浄化の方法を含め，教科書的，かつ概括的に示したものであり，実際の湖沼，河川および排水路のそれぞれを対象とした浄化技術については，後章で個別的に詳述する。

　まず，浄化方式は，大きく，水域内に直接施設を設置して浄化を図る「直接浄化方式」と，汚水を揚水ポンプで汲み上げるか，またはバイパス，配管などを通して水域外（たとえば，河川敷，休耕田等）に設置した施設に導水して浄化を図る「分離浄化方式」の2つがあるが，これらの方式には，当然のことながら，それぞれ一長一短がある。たとえば，直接浄化方式は，浄化効果は劣るが，建設等の費用面で廉価である。これに対して，分離浄化方式は，浄化効果は優れているものの，施設の建設費のみならず，その設置場所（土地）の確保などを含め，諸経費がすこぶる嵩む。

　つぎに，これらの方式，あるいはそれらのいずれかに適応が可能な方法と種類については，実に種々さまざまである。しかし，いずれの方式と方法が実用面でもっとも汎用性があり，また最適であるのかについては，定まった方程式がない。その選択は，あくまでも水質浄化を図ろうとする水域の汚濁状況と流域特性の背景などを十分に調査したうえで行うべきである。

　しかし，いかに最適な方式と方法を選択したとしても，それを実施に移す場合には，水域（湖沼，河川，排水路）が，本来，持ち合わせている治水性，利水性，そして親水性などの機能を決して阻害しないように注意すべきである。排水阻害による出水（洪水）は，地域住民の財産や地場産業などに直接の被害を与えるという点できわめて深刻な問題を生じるからである。

　最後に，表3.8に各種水質浄化方法の原理と，主な特徴を簡単に取りまとめて示す[5]。

表3.8 水域における各種浄化方法の原理とその主な特徴[5]

浄化方式	浄化方法	原理	長・短所
直接浄化方式	ばっ気法	酸素を機械的に供給して，生物酸化による分解無機化を促進する	・溶存酸素飽和度が40%以上では効果があるが，それ以下では効果がない。 ・底泥からのりんの溶出を抑えることができる。
	希釈法	きれいな水を導水したり，注入したりして汚濁水を希釈する	・きれいな水の確保が大変である。
	伏流浄化法	きれいな伏流水と汚濁水を入れ替えることによる希釈と土壌による汚濁物質のろ過と吸着を促進する	・扇状地など伏流のある場所が限られている。
	薄層流浄化法	沈殿および付着効果の他に，酸素の供給による生物酸化を促進する	・薄層は，薄ければ薄いほど効果が上がるため，距離を必要とする。 ・栄養塩類物質が多いところでは，付着藻類の増殖が起こり，これが剥離して水質の2次汚濁を招くことがある。
	堰構築法	堰の上流では，流速低下によって懸濁物質の沈殿が早められる一方，堰を越流した汚濁水は落下によってばっ気され，その結果，生物酸化が促進される	・流域の治水との関係で極めて注意を必要とする。 ・汚濁水の停滞によりユスリカ，ヤブカなどの不快害虫の発生が起こり，周辺住民の苦情を招くことがある。
	浚渫法	汚濁化した底泥を水系外に除去することによって水質の2次汚濁を防止する	・住民の浚渫土による地下水汚染の不安をなくすためしっかりした監視体制が必要である。
分離浄化方式	各種排水処理浄化法の活用	各種事業排水などで用いられている水質処理浄化装置で濁水を処理する	・処理装置の建設により周辺の景観を損ねる恐れがある。
	浸透法	汚濁水を土壌，土砂，砂礫などの層を浸透させることによってろ過し浄化する	・懸濁物質による目詰まりに注意が必要である。 ・浸透による浄化速度は遅いため広い面積の土地が必要である。
	凝集沈殿法	各種凝集沈降剤を用いてフロックを形成させ汚濁物質を沈殿させる	・処理浄化施設の建設費が非常に嵩む。 ・施設建設に伴って景観を損ねる恐れがある。 ・凝集剤の中には，安全性が確認されていないものもあるので注意が必要である。
	沈殿池(酸化池)法	汚濁物質の沈殿による浄化が主作用であるが，藻類の増殖に伴う酸素の供給による好気的分解無機化が促進される	・広い土地を必要とする。 ・藻類の発生を適度に抑制しなければ，むしろ藻類の大量発生に因る2次汚濁を招くことになる。
直接・分離浄化方式	礫間接触酸化浄化法	礫に微生物や微小後生動物などによる生物膜を形成させ生物酸化を助長，また懸濁物質を接触沈殿させたりする	・堆積汚泥の処理処分は，不可避の問題である。 ・清掃に困難が伴う。
	接触ろ材充填浄化法	種々様々な形状の樹脂製接触ろ材に上述の礫と同様，生物膜を形成させ生物酸化を促進したり，懸濁物質を接触沈殿させたりする	・ゴミなどによるろ材の目詰まりや土砂などによるろ材の埋没がある。 ・堆積汚泥の除去の頻度が水質浄化に影響してくるので維持管理が大変である。
	活性炭浄化法	活性炭を用いて汚濁水中の有機物を吸着する	・費用がかなり嵩む。
	水生植物植栽・回収法	水生植物の栄養塩類吸収能を利用して，それを積極的に植栽し，成長させた後に回収して水中の栄養塩類の削減を図る	・天候によって回収量が大きく支配される。 ・回収した水生植物の利・活用を考えておく必要がある。
	水生植物・藻類回収法	異常繁茂した水生植物や大量発生した藻類を回収することによって水中の栄養塩類の削減を図る	・回収後の利・活用を考えておく必要がある。

【文献】

1) 本橋敬之助：水質汚濁とその対策 ―家庭内雑排水対策の意義と限界―, 月刊「水」, 35(6), No.493, 29-37 (1993)
2) 本橋敬之助：水質汚濁とその対策 ―水質直接浄化の実状と課題―, 月刊「水」, 35(13), No.498, 16-28 (1993)
3) 須藤隆一：水域の直接浄化と意義と展望, 用水と廃水, 32 (8), 663-667 (1990)
4) 稲森悠平・林 紀男・須藤隆一：水路による汚濁河川水の浄化, 用水と廃水, 32 (8), 692-697 (1990)
5) 本橋敬之助：排水路の水質浄化と実施事例 (上) ―維持管理, 効果, 問題など―, 「PPM」, 24 (7), 76-84 (1993)
6) 生活排水研究会編：生活雑排水対策実務マニュアル, 93pp., 公害対策同友会, 東京 (1991)
7) (財) 日本環境整備教育センター：月刊「浄化槽」, No.290, 82 (2000)
8) 厚生省生活衛生局長：浄化槽法の一部を改正する法律について (生衛発第958号), 平成12年6月2日
9) (財) 日本環境整備教育センター：月刊「浄化槽」, No.291, 76-78 (2000)
10) 建設省都市局下水道部公共下水道課：平成10年度下水道普及率について, 下水道協会誌, 36 (444), 52-58 (1999)
11) 千葉県都市部下水道建設課：千葉県の流域下水道1999 (パンフレット), 47pp., (1999)
12) 森川昌紀・松丸恒夫・高崎 強・松岡義治：水質汚濁が稲作に及ぼす影響 ―第1報・汚濁物質濃度と稲作の関係―, 千葉県農業試験場研究報告, 第23号, 83-89 (1982)
13) 森川昌紀・松岡義治：水質汚濁が稲作に及ぼす影響 ―第2報・水田における汚濁物質の動態―, 千葉県農業試験場研究報告, 第25号, 137-144 (1984)
14) Sakamoto, M:Primary production by phytoplankton community in some Japanese lakes and its dependence on lake depth. *Arch. Hydrobiol.*, 62, 1-28 (1966)
15) 藤村葉子：生活排水の汚濁負荷発生原単位と浄化槽による排出率, 千葉県水質保全研究所年報 (平成7年度), 33-38 (1996)
16) 長野県生活環境部・長野県衛生公害研究所：生活雑排水の処理に関する調査研究 ―第3次報告―, 75pp., (1984)
17) 大野善一郎・本橋敬之助：家庭内における生活排水汚濁負荷削減対策とその効果, 全国公害研会誌, 12, 37-43 (1987)

第4章

水域浄化の取り組みと現状

　公共用水域にあって環境基準の確保が緊急を要する湖沼について，総合的，かつ計画的な水質保全施策の推進を図るための特別措置を講じることを目的とした湖沼水質保全特別措置法 (通称，湖沼法) が昭和59年7月に制定され，昭和60年には霞ケ浦，印旛沼，手賀沼，琵琶湖，児島湖の5湖沼が指定，その後は，今日まで諏訪湖 (昭和61年指定)，釜房ダム貯水池 (昭和62年)，中海と宍道湖 (平成元年)，野尻湖 (平成6年) の計10湖沼が指定されている。

　そしてこれら指定湖沼については，閣議決定された湖沼水質保全基本方針 (昭和58年総理府告示第34号) に沿って「湖沼水質保全計画」が策定され，その中でそれぞれの湖沼の汚濁特性に対応したいろいろな浄化対策，たとえば浚渫 (霞ケ浦，手賀沼，中海等)，浄化用水の導入 (手賀沼)，流入河川等の浄化 (宍道湖，印旛沼等)，自然浄化機能を活用した浄化 (小島湖，琵琶湖等) などの事業が行われてきたし[1]，今もなお実施されている[2]。しかし，いずれの湖沼においてもCODはもとより，富栄養化をもたらす窒素およびりんの環境基準を満たすまでには至らず[2]，今後とも，より一層の対策強化が必要な状況にある。

　一方，指定湖沼以外における水域での浄化は，関係省の直轄あるいは補助事業，またはプロジェクトの一環として鋭意行われている。

4.1 主要関係省

4.1.1 環境省（旧環境庁）

　水域の直接浄化については，水質汚濁防止法における生活排水対策の推進に関する国および地方公共団体の責務に関しての条文（14条4の3）「国は…略…，地方公共団体が行う生活排水対策に係る施策を推進するために必要な技術上及び財政上の援助に努めなければならない」を受けて平成3年度に設けられた生活排水対策補助制度に基づく3つの事業（生活排水対策推進計画策定事業，生活排水汚濁水路浄化施設整備事業，生活排水汚濁改善簡易設備事業）のうち，生活排水汚濁水路浄化施設整備事業で行われている。

　この補助事業は，生活排水により著しく汚濁されている水域（都市内の中小河川，湖沼，内湾・内海，身近なお堀，古池など）で，下水道などの生活排水処理施設が当面見込めないような場合，その水域に流入している水路等を直接浄化する施設およびその周辺施設の整備を実施する市町村に対して補助を行うものである（「生活排水汚濁水路浄化施設整備事業費補助金交付要綱」，平成4年7月22日，環水規203号環境事務次官通知）。

　その施設および設置場所の要件については（「生活排水汚濁水路浄化施設整備事業実施要領」）

1. 生活排水により汚濁した水路等の水を浄化する施設であること
2. 浄化方式は環境庁水質保全局長が水質浄化効果があると認めたものであること
3. 浄化対象の水路等の水質がBODで10mg/ℓ以上（日平均値）であり，水質の汚濁により生活環境の悪化が見られること
4. 浄化対象の水路等の集水区域において，下水道，合併処理浄化槽等の生活排水処理施設が整備され生活雑排水がほぼ処理されるようになるまで，概ね10年以上要すること

などのほかに，当該施設の設置に伴っては，地域住民に対し生活排水対策について普及啓発が図られるよう配慮されたものとすることとしている。

この要綱に基づく平成3年度から平成11年度現在までの補助事業の実施市町村と補助金額は，表4.1に示すように，延べ69都道府県の85市町村，21億8,200万円である[3)～5)]。

表 4.1 生活排水汚濁水路浄化施設整備事業（環境庁）による補助と実施市町村

事　業	年度（平成）									合計
	3	4	5	6	7	8	9	10	11	
補助（百万円）	50	180	283	300	300	300	300	300	169	2,182
市町村 （都道府県）	2 (2)	7 (6)	14 (12)	18 (15)	15 (11)	9 (5)	12 (11)	5 (4)	3 (3)	85 (69)

（文献[3)～5)]により作成）

4.1.2　国土交通省（旧建設省）

人口が急速に集中し，市街化した河川（湖沼を含む）の流域では，保水能力の低下により雨水の急激な流出を招いたり，また下水道整備の遅れによる生活排水の流入等で水質の改善が依然として進んでいないという背景のもとで，昭和44年度に河川整備事業を創設した。

この事業は，さらに直轄河川環境整備事業と河川環境整備事業（補助）に分けられ，河川浄化事業は，前者の水環境整備事業（直轄事業）と，後者の河川浄化事業（補助事業）に基づき

1. 自己流量が少なく汚濁している都市内の河川に，他の多量で水質の良好な河川等から浄化用水を導入する（導水事業）
2. 悪臭や栄養塩類物質の溶出によって富栄養化をもたらす河川や湖沼の堆積泥（ヘドロ）の除去（浚渫事業）
3. 水質浄化施設を設置して汚濁した河川を浄化する（直接浄化）

の3つが行われている[6]。これらの事業に基づく平成4年度から平成11年度現在までの直轄および補助の事業費は，それぞれ1,536億2,200万円，629億5,100万円と膨大な費用が投じられている[6)7]。

　一方，この他の河川浄化事業については，都市河川に流入する準用河川の水質が平常時の水量の減少，生活排水などによって著しく悪化し，都市河川の汚濁源になっていることが非常に多いという状況から，都市河川の流入河川である準用河川の浄化を市町村と都道府県の共同事業として行う「準用河川の河川浄化事業」が平成3年度から実施されている。また，平成5年度には，水質汚濁が著しい河川・湖沼等のうち，地元地方公共団体や地域住民が中心になって良好な水環境を創出するためのさまざまな取り組みを行っている河川等を対象として，水環境の改善を図るため，これらの活動と一体になって河川事業と下水道事業を緊急的・重点的に実施し，積極的に支援していくための行動計画「清流ルネッサンス21」（水環境改善緊急行動計画）を策定，そして平成5年度には河川，湖沼，人工ダム湖など21カ所[8]，平成6年度は6カ所と[9]，全体で27カ所で，その内訳をみると18の河川，5つの湖沼，4つのダム貯水池が選定され，現在，鋭意推進されている[10]。

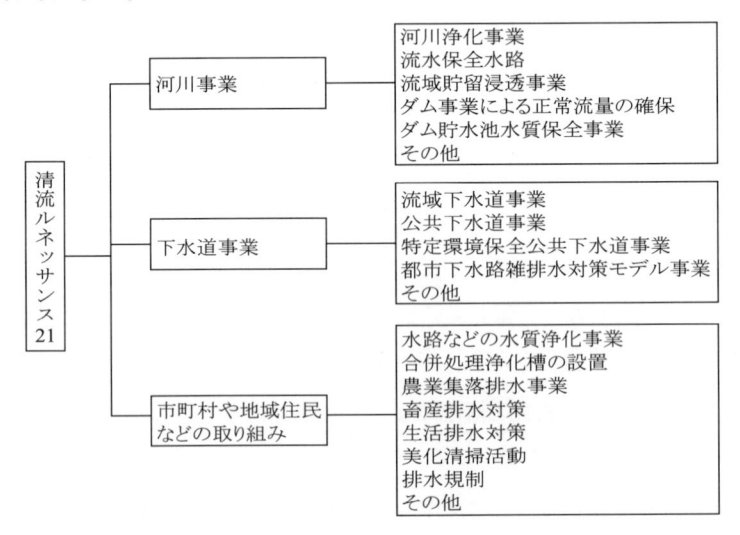

清流ルネッサンス21	河川事業	河川浄化事業 流水保全水路 流域貯留浸透事業 ダム事業による正常流量の確保 ダム貯水池水質保全事業 その他
	下水道事業	流域下水道事業 公共下水道事業 特定環境保全公共下水道事業 都市下水路雑排水対策モデル事業 その他
	市町村や地域住民などの取り組み	水路などの水質浄化事業 合併処理浄化槽の設置 農業集落排水事業 畜産排水対策 生活排水対策 美化清掃活動 排水規制 その他

図4.1　「清流ルネッサンス21」の役割と分担[11]

なお，図4.1には，参考までに，「清流ルネッサンス21」の役割分担を示す[11]。

4.2　地方公共団体 ──千葉県を例にして──

千葉県は国に先駆け，「…県下の湖沼および河川の水質汚濁の原因は，流域からの生活排水によるところが大きく，これらの生活系汚濁負荷量の削減対策は，関係機関の課題となっております。そこで，県では，これら生活排水対策の一環として，汚濁の著しい都市排水路等の水質浄化を推進するため…」という趣旨に基づき，昭和60年度から年度ごとに「都市排水路等浄化施設設置事業補助金交付要綱」を定めている。この交付要綱による補助対象施設（この中の一般排水路浄化施設および簡易接触酸化施設は，平成7年度以降は都市排水路浄化施設の一部とみなし取り扱われている），経費および補助率については，表4.2に示すとおりである。

表4.2　千葉県における都市排水路等浄化施設設置整備の補助対象施設，経費および補助率

事業名	補助対象施設	経費	補助率
1. 都市排水路浄化施設設置事業	湖沼等を浄化する目的で設置した排水路直接浄化に係わる施設	浄化施設の設置に要する事業費のうち次の経費とする。本工事費（直接工事費，共通仮設費および諸経費）	経費の2分の1とし，その限度額を10,000千円とする。但し，1,000円未満を切り捨てるものとする。
2. 一般排水路浄化施設設置事業	河川等を浄化する目的で設置した排水路直接浄化に係わる施設		
3. 簡易接触酸化施設設置事業	河川又は排水路等を浄化する目的で設置した休耕田等を利用する簡易接触酸化施設		

この補助により設置された浄化施設は，平成11年度現在で39施設，補助総額は2億2,577.8万円であるが，このうち38施設については平成7年度までに設置されたものである。しかし，これらの中には，現在，下水道の整備，施設の老朽化等によって廃止されたり，また人手不足や費用面などで維持管理が不可能となり運転休止を余儀なくされている施設も，決して少なくはない。

表4.3は，後章で浄化方法の実施事例として詳細に紹介する施設を含め，平成7年7月現在で千葉県内において設置されている浄化施設（廃止分を含む）の浄化方法，維持管理，事業費などについて実態調査を行った結果を示している[12]。以下に，その概要を述べる。

表4.3 千葉県内に設置されている浄化施設（廃止分を含む）の事業費等

(平成7年7月現在)

浄化方法の種類		施設数	事業費 (単位：百万円)	単位処理水量当たり(m^3) の費用(単位：千円)
接触酸化法	処理水量 $501\,m^3$以下	9	2.7〜108.2	8.4〜360.5（平均109.2）
	$501〜1,500\,m^3$	7	9.5〜241.9	13.3〜186　（平均 79.2）
	$1,501\,m^3$以上	2	88.7〜204.7	30.3〜 35.5（平均 32.9）
流動床式生物膜ろ過法		2	12.6〜 18.0	31.6〜 36.0（平均 33.8）
簡易接触ろ材充填法		23	1.4〜135	―

(文献[12]より作成)

(1) 事業費

事業費は，表4.3に示すように，浄化施設の建設費の外に，土地購入などの経費を含むかどうか，また施設の構造，規模等によっても大きな違いがあるが，概して規模が大きくなるに伴って事業費は嵩む傾向がみられる。しかし，単位水量当たりの処理費は逆に廉価になっている。

(2) 浄化施設の補助形態と設置数

千葉県内全体で43施設が設置されているが，このうち36施設（5施設廃止）は県単独補助による都市排水路等浄化施設，4施設は環境庁・県補助による生活排水汚濁水路浄化施設，3施設は市町村単独予算による浄化施設である。

(3) 浄化方法の種類と設置数

ポリ塩化ビニリデン系繊維のひも状特殊担体を接触ろ材として用いた接触酸化法が大部分を占める固定床接触ろ材による接触酸化法が18施設，無煙炭（アンスラサイト）を接触ろ材とする流動床式の生物膜ろ過法が2施設，そして水路

内に人工芝，礫，木炭等を接触ろ材として単独，あるいは組み合わせで充填した簡易接触ろ材充填法が23施設（ばっ気機能付き4施設を含む）である。

(4) 維持管理の形態と費用

定期点検，清掃などの維持管理を施設管理者が自ら行っているのは4施設で，残りのほとんどは委託により行っている。

維持管理費は，施設の構造や規模（処理計画水量）によって異なり，30～433万円と大きな幅があるが，特にこの幅は汚泥の処理・処分を委託しているかどうかに大きく起因している。

(5) 浄化効果

接触酸化法および生物膜ろ過法の施設では，計画設定値に近い除去率が得られているが，簡易接触ろ材充填法では除去率の変動が大きく，また中にはほとんど除去効果がみられない施設もある。

【文献】

1) 鈴木 繁：公共用水域の水質と保全対策の動向，用水と廃水，35 (1), 7–18 (1993)
2) 環境庁編：環境白書（平成12年版）—各論—, 82–83 (2000)
3) 鈴木 繁：生活排水対策の推進状況と今後の方向，月刊「浄化槽」, No.220, 3–14 (1994)
4) 環境保全整備実施要領：環境庁政務次官通知（平成9年7月4日，環自計第208号，環水企第241号）
5) 環境庁水質保全局水質規制課：生活排水対策関連予算について，平成12年5月26日
6) 樺澤考人：平成5年度河川浄化事業について，「ヘドロ」, No.57, 8–10 (1993)
7) (社)底質浄化協会：「ヘドロ」, No.60 (1994), No.63 (1995), No.66 (1996), No.69 (1997), No.72 (1998), No.75 (1999)
8) 谷瀬 敦：平成10年度河川浄化対策関係予算について，「ヘドロ」, No.72, 6–9 (1998)
9) 建設省河川局河川計画課・都市局流域下水道課："清流ルネッサンス21"第1次計画対象河川等の選定について，平成5年
10) 建設省河川局河川計画課・都市局流域下水道課："清流ルネッサンス21"第2次計画対象河川等の選択について，平成6年
11) 石川 浩：河川における水環境施策の最近の動向について，水環境学会誌，17 (7), 418–422 (1994)
12) 千葉県水質保全課：水路等浄化施設に係る実態調査結果（未発表），平成7年7月

第5章

水域浄化の対象物質と目標

5.1 浄化の対象物質と目標

　水域での具体的な浄化の方式と方法については，すでに図3.1（第3章参照）に体系化して示したとおりである。これらの中から，より効果的で最適な浄化の方式と方法を選択するには，まず浄化を実施しようとする水域での水質汚濁と流域の特性について十分に調査を行う必要がある。要するに，一般的な調査の図式としては，どんな種類と特性を持つ汚濁物質が，どこの発生源から，どのくらいの負荷量または濃度で，どのような経路を経て，どこの水域に流出し，そこで何がどの範囲と程度で，どのような被害，あるいは影響を及ぼしているのかについて予め明らかにしておく必要がある。そして，つぎにその結果を踏まえて，その汚濁物質をどんな方法によってどの程度を目標に浄化するのかについて検討することになる。

　しかし，今日におけるわが国の水域（湖沼，河川，排水路等）の汚濁については，生活排水がその主因であるという実態がすでに明らかにされていることから，水域での浄化対象となる汚濁物質は，自ずと生活排水の中に含まれる成分が主であると容易に判断することができる。問題は，その成分の特定である。これについては，現在のところ，特殊な有害成分による被害や影響がない限り（たとえば，カドミウム，鉛，水銀等の金属，PCB，四塩化炭素等の有機塩素化合物，シマジン，チウラム等の農薬を含む有害物質26項目の「人の健康の保護に関す

る環境基準」)，巨視的には，河川および湖沼では，表5.1と表5.2のそれぞれに示す「生活環境の保全に関する環境基準」，また排水路については放流先の河川または湖沼に該当する「生活環境の保全に関する環境基準」のそれぞれに応じた水質項目を対象にすれば十分である。そしてそれら物質の浄化目標については，現実的にはかなり難題であるが，それぞれの水域の利水目的に応じて定められた環境基準（水域によっては都道府県が独自に定めた暫定基準とか，上乗せ基準）を目安にすれば十分であるといえる。

表5.1 生活環境の保全に関する環境基準 —河川—
(昭和46年12月28日環境庁告示第59号)

類型	利用目的の適応性	基準値					
		水素イオン濃度 (pH)	生物化学的酸素要求量 (BOD)	浮遊物質量 (SS)	溶存酸素量 (DO)	大腸菌群数
AA	水道1級 自然環境保全 及びA以下の欄に掲げるもの	6.5 以上 8.5 以下	1 mg/ℓ 以下	25 mg/ℓ 以下	7.5 mg/ℓ 以上	50 MPN/100 mℓ 以下
A	水道2級 水産1級 水浴 及びB以下の欄に掲げるもの	6.5 以上 8.5 以下	2 mg/ℓ 以下	25 mg/ℓ 以下	7.5 mg/ℓ 以上	1,000 MPN/100 mℓ 以下
B	水道3級 水産2級 及びC以下の欄に掲げるもの	6.5 以上 8.5 以下	3 mg/ℓ 以下	25 mg/ℓ 以下	5 mg/ℓ 以上	5,000 MPN/100 mℓ 以下
C	水産3級 工業用水1級 及びDの欄に掲げるもの	6.5 以上 8.5 以下	5 mg/ℓ 以下	50 mg/ℓ 以下	5 mg/ℓ 以上	—
D	工業用水2級 農業用水 及びEの欄に掲げるもの	6.0 以上 8.5 以下	8 mg/ℓ 以下	100 mg/ℓ 以下	2 mg/ℓ 以上	
E	工業用水3級 環境保全	6.0 以上 8.5 以下	10 mg/ℓ 以下	ごみ等の浮遊が認められないこと	2 mg/ℓ 以上	

〔備考〕
1. 基準値は，日間平均値とする（湖沼，海域もこれに準ずる。）。
2. 農業用利水点については，水素イオン濃度6.0以上7.5以下，溶存酸素量5 mg/ℓ以上とする（湖沼もこれに準ずる。）。
3. 最確数による定量法（省略）。

[5] 水域浄化の対象物質と目標　35

表5.2 生活環境の保全に関する環境基準 —湖沼—
(天然湖沼および貯水量1,000 m^{3}以上の人工湖)
(昭和46年12月28日環境庁告示第59号)

類型	利用目的の適応性	基準値				
		水素イオン濃度 (pH)	化学的酸素要求量 (COD)	浮遊物質量 (SS)	溶存酸素量 (DO)	大腸菌群数
AA	水道1級 水産1級 自然環境保全 及びA以下の欄に掲げるもの	6.5 以上 8.5 以下	1 mg/ℓ 以下	1 mg/ℓ 以下	7.5 mg/ℓ 以上	50 MPN/100 mℓ 以下
A	水道2, 3級 水産2級 水浴 及びB以下の欄に掲げるもの	6.5 以上 8.5 以下	3 mg/ℓ 以下	5 mg/ℓ 以下	7.5 mg/ℓ 以上	1,000 MPN/100 mℓ 以下
B	水産3級 工業用水1級 農業用水 及びCの欄に掲げるもの	6.5 以上 8.5 以下	5 mg/ℓ 以下	15 mg/ℓ 以下	5 mg/ℓ 以上	—
C	工業用水2級 環境保全	6.0 以上 8.5 以下	8 mg/ℓ 以下	ごみ等の浮遊が認められないこと	5 mg/ℓ 以上	—

〔備考〕
水産1級, 2級および水産3級については, 当分の間, 浮遊物質量の項目の基準値は適用しない。

類型	利用目的の適応性	基準値	
		全窒素	全りん
I	自然環境保全及び II 以下の欄に掲げるもの	0.1 mg/ℓ 以下	0.005 mg/ℓ 以下
II	水道1, 2, 3級(特殊なものを除く。) 水産1種 水浴及び III 以下の欄に掲げるもの	0.2 mg/ℓ 以下	0.01 mg/ℓ 以下
III	水道3級(特殊なもの)及び IV 以下の欄に掲げるもの	0.4 mg/ℓ 以下	0.03 mg/ℓ 以下
IV	水産2種及び V の欄に掲げるもの	0.6 mg/ℓ 以下	0.05 mg/ℓ 以下
V	水産3種 工業用水 農業用水 環境保全	1 mg/ℓ 以下	0.1 mg/ℓ 以下

〔備考〕
1. 基準値は, 年間平均値とする。
2. 水域類型の指定は, 湖沼植物プランクトンの著しい増殖を生ずるおそれがある湖沼について行うものとし, 全窒素の項目の基準値は, 全窒素が湖沼植物プランクトンの増殖の要因となる湖沼について適用する。
3. 農業用水については, 全りんの項目の基準値は適用しない。

しかし,実際の水域では汚濁物質と目されているものの,いろいろと異なる形態で存在しているのが通常である。このため,画一的な浄化技術では対応ができず,それぞれの形態に応じた浄化の技術・方法の選択が求められることになる。このようなことから,実際には,浄化対象水域での汚濁物質がどのような形態で存在しているのかをさらに調査(分析など)し,その特徴を明確に把握しておく必要が生じる。

以下では,生活排水で汚濁した水域で汚濁物質がどのような形態で存在しているのかについて千葉県の湖沼,河川,排水路を例にして取りあげ,その特徴を述べてみる。

5.2 各水域の浄化対象物質とその存在形態

5.2.1 湖 沼

表5.3は,環境庁が全国の公共用水域水質測定結果を発表した昭和49年から平成10年までの実に25年間にわたって全国湖沼水質ワースト1として知られている千葉県の手賀沼と,ここ10年間ワースト2あるいは3の常連である静岡県の佐鳴湖〔水面積:約120 ha,水深:平均1.4 m(最大:2 m),湛水量:170万 m^3〕を例にして,平成元年度から平成10年度までの10年間にわたる形態別

表 5.3 手賀沼および佐鳴湖における形態別CODの平均(最小〜最大)濃度

(期間:平成元年度〜平成10年度)

COD	湖 沼	
	手賀沼	佐鳴湖
環境基準 (mg/ℓ)	5	5
全COD (mg/ℓ)	20 (16〜25)	11.9 (9.3〜14)
溶解性COD (mg/ℓ)	7.8 (6.6〜9.0)	5.4 (4.2〜7.1)
内部生産COD (mg/ℓ)	12 (8.9〜16)	6.5 (3.9〜8.6)
内部生産の割合 (%)	60.0 (55.0〜65.2)	54.6 (41.9〜66.1)

〔備考〕 (千葉県環境生活部[1],浜松市環境部[2]より作成)
1. 内部生産 = (全COD) − (溶解性COD) より算出
2. 内部生産の割合は全CODに対する割合

CODの平均（最小〜最大）濃度を示している[1)2)]。

手賀沼の全CODは，この10年間，環境基準の5 mg/ℓを遥かに上回る濃度で大きな変動（16〜25 mg/ℓ）を示しているが，溶解性COD[*1]は6.6〜9.0 mg/ℓと，全CODに比べ変動幅が小さい。このことから，沼水中における溶解性CODは，流入河川をとおして沼に流出してきた流域由来（陸性）が大部分と思われる。

とするならば，手賀沼のCODに大きく関与するのは，全CODから溶解性CODを差し引いて求められる内部生産COD[*2]，いわゆる沼内で増殖した藻類（主として植物プランクトン）とみなすことができ，実際，この内部生産の全CODに対する割合は60.0％と，すこぶる高い。このことは，また佐鳴湖においてもまったく同様の傾向（内部生産の全CODに占める割合：54.6％）を示し，いわばこのような傾向は生活排水によって汚濁した全国各地の湖沼におけるCOD特性の一つといえる。

一方，表5.4は，手賀沼の最近10年間（平成元年〜10年）における窒素およびりんの形態別の平均，最小および最大濃度と，全濃度に対する形態別の割合を示している[1)]。

全窒素（以下では，T-Nと略す）は平均で4.51 mg/ℓ（環境基準：1 mg/ℓ以下，暫定目標：4.1 mg/ℓ）であるが，形態別では，アンモニア態窒素（NH_4-N）は0.43 mg/ℓ，亜硝酸態窒素（NO_2-N）0.13 mg/ℓ，硝酸態窒素（NO_3-N）が1.00 mg/ℓ，そしてT-Nから無機態の3形態窒素（NH_4-N＋NO_2-N＋NO_3-Nを指す）を差し引いて求めた有機態窒素（粒状態窒素の他に，溶存態窒素を含む）は，T-Nの65.4％を占める2.95 mg/ℓであった。

[*1,2] 内部生産CODおよび溶解性COD：内部生産COD（粒状態COD）は，以下の式に基づいて算出される。

$$\text{内部生産COD（粒状態COD）} = \text{（全COD）} - \text{（溶解性COD）}$$

ここで，全CODは過マンガン酸カリウム（$KMnO_4$）あるいは重クロム酸カリウム（$K_2Cr_2O_7$）のいずれかを酸化剤として用いて分析された定量値，また溶解性CODは，試水をガラス繊維ろ紙（口径：約$1\mu m$）でろ過し，そのろ液を全CODの分析法に準じて定量した値である。そして，上式で算出されたCOD値は，通常，粒状態有機物質（粒状態COD）として取り扱われているが，富栄養化した湖沼では，そのほとんどが湖沼内で生産された藻類とみなすことができるため，慣用的に内部生産CODと称されている。

表5.4 手賀沼における窒素およびりんの形態別の平均（最小～最大）濃度と，全濃度に対する形態別の割合

（期間：平成元年度～平成10年度）

項　目	平均（最小～最大）濃度 (mg/ℓ)	全窒素あるいは全りんに対する形態別の割合 (%)
T-N	4.51 (4.00～5.30)	—
NH_4-N	0.43 (0.23～0.67)	9.5 (5.2～15.6)
NO_2-N	0.13 (0.10～0.15)	2.9 (1.9～ 3.5)
NO_3-N	1.00 (0.59～1.16)	22.2 (13.1～38.0)
有機態窒素	2.95 (2.51～4.22)	65.4 (58.4～79.6)
T-P	0.42 (0.33～0.51)	—
PO_4-P	0.10 (0.06～0.16)	23.8 (16.2～35.2)
有機態りん	0.32 (0.24～0.39)	76.2 (64.8～83.8)

〔備考〕　　　　　　　　　　　（千葉県環境生活部[1]）より作成）
1. 有機態窒素 = (T-N) − 〔(NH_4-N) + (NO_2-N) + (NO_3-N)〕より算出
2. 有機態りん = (T-P) − (PO_4-P) より算出

全りん (T-P) は平均で $0.42\,mg/ℓ$（環境基準：$0.1\,mg/ℓ$，暫定目標：$0.21\,mg/ℓ$），形態別ではりん酸態りん (PO_4-P) が $0.10\,mg/ℓ$，そして有機態りん（T-PからPO_4-Pを差し引いた値）はT-Pの76.2%を占める $0.32\,mg/ℓ$ と，窒素およびりんのいずれも有機態の形で存在するものが多かった。

なお，これら有機態の窒素およびりんの由来に関連して，平成元年5月8日から平成2年4月30日までのほぼ毎日（欠測は2日のみ）行った著者らの調査結果において[3]，有機態りんは内部生産との間に高い相関（$r = 0.72$）があることから，それらは明らかに沼内で生産された植物プランクトンとみなすことができる。一方，有機態窒素については全窒素の68.5%が溶存態窒素であったという結果からして，その多くは，恐らく流域由来（陸性）が藻類（内部生産）の枯死分解過程で生じる溶存態窒素を圧倒的に凌いでいるといえる。

5.2.2　河　川

表5.5は，手賀沼の主要流入河川の一つである大堀川の平成元年から平成10年までの10年間におけるBODと，窒素およびりんの形態別の平均，最小・最大

濃度と，全濃度に対する形態別の割合を示している[1]。

表5.5 大堀川におけるBODと，窒素およびりんの形態別の平均（最小～最大）濃度と，全濃度に対する形態別の割合

（期間：平成元年度～平成10年度）

項　目	平均（最小～最大）濃度 (mg/ℓ)	全窒素あるいは全りんに対する形態別の割合 (%)
BOD	12　（9～15）	—
T-N	8.03（6.60～9.00）	—
NH_4-N	5.29（3.00～7.19）	65.9（45.5～79.9）
NO_2-N	0.24（0.16～0.29）	3.0（ 1.9～ 4.4）
NO_3-N	1.24（0.84～1.45）	15.4（11.6～31.8）
有機態窒素	1.26（0.65～1.83）	15.7（ 7.9～22.0）
T-P	1.01（0.68～1.30）	—
PO_4-P	0.86（0.52～1.16）	85.1（75.3～89.2）
有機態りん	0.15（0.11～0.27）	14.9（12.9～24.6）

〔備考〕　　　　　　　　　　　　　　（千葉県環境生活部[1]より作成）
1. 有機態窒素 ＝ (T-N) － 〔(NH_4-N) + (NO_2-N) + (NO_3-N)〕
   より算出
2. 有機態りん ＝ (T-P) － (PO_4-P) より算出

大堀川は千葉県の北西部に位置する柏市と流山市を貫流する流路延長8.7 km，流域面積31.8 km²を持つ利根川水系の1級河川である[4]。

流域には175,216人（平成10年度末現在）の人口を有しているが，生活排水の処理形態をみると，流域人口の68.8％に相当する120,509人の生活排水は流域外に建設されている下水終末処理場で処理されている。しかし，流域人口の8.4％に相当する14,794人は合併処理浄化槽の処理水，19.9％相当の34,899人は単独処理浄化槽の処理水と雑排水，そして2.8％に相当する39,913人はくみ取りのため雑排水のみをそれぞれ大堀川に放流している状況からして[5)6)]，大堀川は生活排水で汚濁された典型的な都市中小河川であるといえる。

BODは平均で環境基準の8 mg/ℓを上回る12 mg/ℓ（最小9～最大15 mg/ℓ）である。窒素はT-Nが平均で8.03 mg/ℓであるが，形態別ではNH₄-NがT-Nの65.9％に相当する5.29 mg/ℓ，NO_2-Nが3.0％相当の0.24 mg/ℓ，NO_3-Nは

15.4％相当の1.24 mg/ℓと，NH$_4$-Nを主要存在形態として無機態窒素だけでT-Nの84.3％を占めている。

一方，T-Pは1.01 mg/ℓ，形態別ではPO$_4$-Pが0.86 mg/ℓと，T-Pの85.1％を占め，窒素およびりんのいずれにおいてもほとんど無機態の形態で存在しているのが特徴である。

5.2.3　排水路

表5.6は，千葉県の北東部に位置する富里町七栄地区の一般排水路におけるBODと，窒素およびりんの形態別の平均（最小～最大）濃度と，全濃度に対する形態別の割合を示している[7]。

表5.6 富里町七栄地区排水路におけるBODと，窒素およびりんの形態別の平均（最小～最大）濃度と，全濃度に対する形態別の割合

（期間：平成10年9月～平成11年1月）

項　目	平均（最小～最大）濃度 (mg/ℓ)	全窒素あるいは全りんに対する形態別の割合 (％)
BOD	33 (20～51)	—
T-N	16.17 (12.0～22.4)	—
NH$_4$-N	12.58 (8.15～20.2)	77.8 (59.7～94.1)
NO$_2$-N	0.14 (0～0.46)	0.9 (0～3.0)
NO$_3$-N	0.84 (0～3.02)	5.2 (0～20.0)
有機態窒素	2.61 (0.23～4.18)	16.1 (1.9～32.5)
T-P	1.90 (1.66～2.07)	—
PO$_4$-P	1.47 (1.16～1.60)	77.4 (70.3～85.1)
有機態りん	0.43 (0.28～0.54)	22.6 (14.9～29.6)

〔備考〕　　　　　　　　　　　　　　　　　（本橋・村山[7]より作成）
1. 有機態窒素＝(T-N) － 〔(NH$_4$-N) + (NO$_2$-N) + (NO$_3$-N)〕より算出
2. 有機態りん＝(T-P) － (PO$_4$-P) より算出

この地区人口は560人（平成8年度現在）であるが，生活系排水の処理形態は，その人口の約3分の1が地区外の下水終末処理場で処理，残りの3分の2は未処理の生活雑排水と単独処理浄化槽からの処理水を排水路に放流している。

なお，この地区には，水質汚濁法に基づき規制される特定事業場の立地はなく，ただ数軒の小さな飲食店が散在しているにすぎない。このため，晴天時における排水路は，流域からの多少の浸透水の流出があるものの，ほとんどは生活排水によって占められている[8]。

水質は，このような状況を反映して，BODについては平均で33 mg/ℓ，最大で51 mg/ℓと高く，まさに生活排水の影響を強く受けた結果となっている。一方，窒素をみると，T-Nは平均で16.17 mg/ℓ，形態別にはNH_4-NがT-Nの77.8％に相当する12.58 mg/ℓを占めるが，他の無機態のNO_2-Nは0.9％相当の0.14 mg/ℓ，NO_3-Nは5.2％相当の0.84 mg/ℓと，極めて少ない。また，りんは，T-Pとして1.90 mg/ℓであるが，このうちPO_4-Pが1.47 mg/ℓと，全体の77.4％を占め，上述の大堀川と同様，窒素およびりんは，ほとんどがそれぞれNH_4-N，PO_4-Pの形態で存在している。

【文献】

1) 千葉県環境生活部編：平成元年度〜10年度・公共用水域水質測定結果および地下水の水質測定結果，平成2年12月〜11年12月
2) 静岡県浜松市環境部：聞き取り調査
3) 本橋敬之助・笠原豊：手賀沼水質の通年調査結果—1989年5月〜1990年4月—，公害と対策，27(1), 69-76 (1991)
4) 本橋敬之助：閉鎖性水域環境と浄化—水質ワースト1「手賀沼」をケース・スタディとして—，公害対策技術同友会，168pp., 東京 (1992)
5) 千葉県環境生活部水質保全課：手賀沼流域生活系排水処理人口フレーム・平成10年度 (未発表)
6) 柏市環境保全課：大堀川生活系排水処理人口フレーム・平成10年度 (未発表)
7) 本橋敬之助・村山幸男：富里町七栄地区排水路水質調査結果 (未発表)
8) 本橋敬之助：BOD, 窒素およびりんの同時除去の試み—印旛沼流域の排水路浄化モデル施設を例にして—，月刊「水」，40(12), No.572, 29-34 (1998)

第6章

湖沼の浄化技術と事例

　第3章の図3.1に示した水域における浄化の方式と方法は，浄化対象の水域と汚濁物質をそれぞれ特定することなく，単に各地で実施されているそれらを教科書的，概念的に取りまとめたものであるが，図6.1は，各地の湖沼で，いままでに実施された，また今なお継続して実施されている浄化技術を各種文献などから体系化して示してある[1]〜[13]。

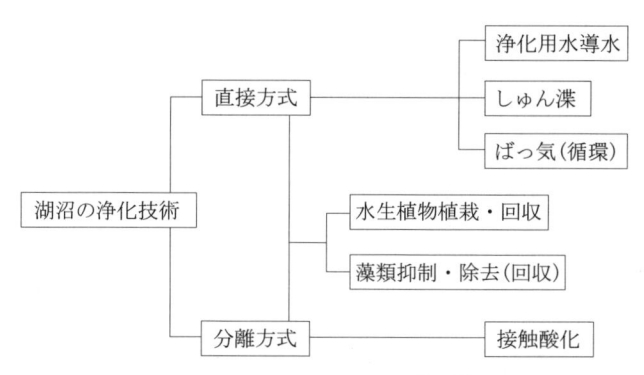

```
                              ┌─ 浄化用水導水
                   ┌─ 直接方式 ─┼─ しゅん渫
                   │          └─ ばっ気(循環)
                   │
湖沼の浄化技術 ─────┤          ┌─ 水生植物植栽・回収
                   │          ├─ 藻類抑制・除去(回収)
                   └─ 分離方式 ─┴─ 接触酸化
```

図 6.1　湖沼の浄化技術[1]〜[13]

　浄化方式には直接および分離の2つがあるが，実際に各地で実施されている湖沼での方式は，前者がきわ立って多い。また，浄化技術についても直接および分離のいずれの方式にも適用できるとしているものの，実際には直接方式での実施が圧倒的に多いのが実状である。

以下では，図6.1に示した分離方式における接触酸化を除き，直接方式で実施されている湖沼の浄化技術について個々に取り上げ，その浄化原理，そして実施事例を通して維持管理や浄化効果などについて紹介する．

6.1 水生植物の植栽・回収

6.1.1 水生植物の種類と生活特性

水生植物は，一般的には単に水草と呼ばれ，そしてその定義は，「発育が水中であるか，あるいは完全に水中，または抽水の状態で過ごすもの」とされているが，植物形態学的には水生の維管束植物とみなされ，さらに分類学的には，花が咲いて種のできる水生の種子植物と，胞子でふえる水生のシダ植物に分けられている[14)15)]．生活形態は，自然環境の条件下では，大きく水平的または垂直的の2つに分けられるが，通常は後者を考え，そしてそれに基づき水生植物を分類している．

図6.2は，垂直分布から分類した水生植物の生活形態と特徴を示しているが，生長はいずれの水生植物も日射（光），温度（水温）の無機的環境を生活基本要因として，抽水植物および浮葉植物は光合成に必要なCO_2を大気，そして沈水植物は水中のそれぞれから，また同化作用に必須な窒素およびりんの栄養塩類物質は，沈水植物および浮葉植物は底泥，浮漂植物は水中からそれぞれ摂取している[16)]．

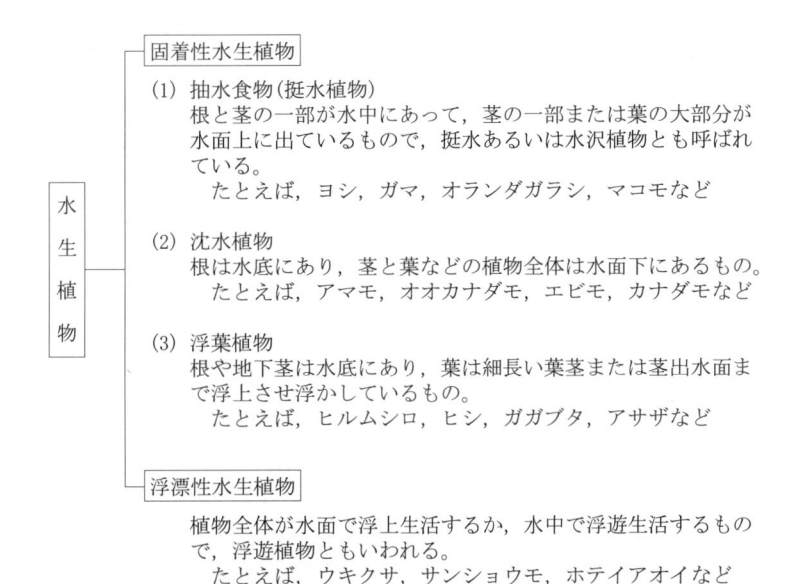

```
水
生    ┌ 固着性水生植物
植    │   (1) 抽水食物 (挺水植物)
物    │       根と茎の一部が水中にあって，茎の一部または葉の大部分が
      │       水面上に出ているもので，挺水あるいは水沢植物とも呼ばれ
      │       ている。
      │         たとえば，ヨシ，ガマ，オランダガラシ，マコモなど
      │   (2) 沈水植物
      │       根は水底にあり，茎と葉などの植物全体は水面下にあるもの。
      │         たとえば，アマモ，オオカナダモ，エビモ，カナダモなど
      │   (3) 浮葉植物
      │       根や地下茎は水底にあり，葉は細長い葉茎または茎出水面ま
      │       で浮上させ浮かしているもの。
      │         たとえば，ヒルムシロ，ヒシ，ガガブタ，アサザなど
      └ 浮漂性水生植物
          植物全体が水面で浮上生活するか，水中で浮遊生活するもの
          で，浮遊植物ともいわれる。
            たとえば，ウキクサ，サンショウモ，ホテイアオイなど
```

図 6.2 垂直分布から分類した水生植物の生活形態と特徴
(生嶋[14], 大滝[15] より作成，一部加筆)

6.1.2 浄化の原理と浄化に利用可能な水生植物

　水生植物を利用した浄化技術は，原理的には，まさに植物の生理的基本特性である栄養塩類物質の吸収能に着眼したものといえる[17)18)]。要するに，富栄養化した水域で栄養塩類を多分に吸収して生長した水生植物を刈り取りなどによって回収，またはある種の水生植物を人為的に植栽し，生長後に回収，そしてそれらを水界外 (陸域) で焼却，埋め立てなどにより処理・処分したり，また餌料，肥料などとして再利用することによって水域の栄養塩類の負荷を間接的に削減し，ひいては富栄養化の抑制を図ろうとするものである。

　しかし，浄化に利用できる水生植物は，ただ単に栄養塩類の吸収能が高いという条件のみで優先されるべきではなく，浄化技術として普遍性のある諸特性，たとえば植栽や回収がしやすい，また利活用ができるなどの条件を兼ね備えていることが必要である[18)]。もちろん，ここで，浄化しようとする水域での在来種を利用する方法もあるが，現実的には，浄化技術という概念とは切り離して考え

るべきである。

　表6.1は水域の浄化に利用可能と考えられる水生植物とその特性，また表6.2は主な水生植物の栄養塩類の吸収能をそれぞれ示している[18]。

表6.1　水質浄化に利用可能な水生植物とその特性[18]

主特性	副特性	抽水植物			浮葉植物			沈水植物				浮漂植物		その他
		ヨシ	マコモ	ガマ	ヒシ	ガガブタ	アサザ	クロモ	エビモ	オオカナダモ	コカナダモ	ウキクサ類	ホテイアオイ	オランダガラシ
栄養塩をより多く吸収する	繁殖力が旺盛，密生群落を作る	○	○	○	△	△	×	△	×	△	△	×	○	△
	植物体のN，P含有量が多い	△	△	△	○	○	○	○	○	○	○	○	○	○
	収穫期間が短い	×	×	×	×	×	×	×	×	×	×	△	○	○
栽培が可能である	地下茎があまり大きくない	×	×	×	×	×	×	×	×	×	×	×	×	×
	耐寒性が大きい	△	△	△	△	△	△	△	△	△	△	△	△	△
収集しやすい	生息地の水深が浅い	△	△	△	×	×	×	×	×	×	×	△	△	△
輸送しやすい	水分が少ない	○	○	○	○	○	○	○	○	○	○	×	×	×
利用が可能	食品，飼料，燃料となる	○	○	○	○	○	○	○	○	○	○	○	△○	○

備考：○良い，△やや良い，×悪い

表6.2　主な水生植物の栄養塩類吸収能

種類	栄養塩類	
	窒素($g/m^2/$日)	りん($g/m^2/$日)
ヨシ	0.05〜0.11	0.05〜0.12
ウキクサ類	0.17	0.018
ホテイアオイ	0.18〜0.75	0.021〜0.081
オランダガラシ	0.34	0.076

（文献[18]より一部転用と修正）

[6] 湖沼の浄化技術と事例

　これらの表からみると，水質浄化に利用可能な水生植物としては浮漂植物のホテイアオイと，抽水植物のオランダガラシ（表 6.1 ではその他の水生植物として分類しているが，分類上は抽水植物が妥当）が互角で代表格といえる。しかし，植栽条件の一つである"場"の利用の容易さを考慮した場合には，水深とはまったく無関係に水面を自由自在に利用できる浮漂性のホテイアオイが最も理想的といえる。

　ホテイアオイ* は温暖な気候と豊富な栄養塩類に恵まれれば旺盛に繁殖する植物であるため，世界各地の水域では，むしろ 3 大害草とか，世界 10 大公害草と卑しめられ，いろいろな水利障害をもたらしている厄介ものなのである。実際，わが国においても，かつて岡山県の児島湖で 1970 年頃から大繁殖し，海域に流出，そしてのり養殖に大きな被害をもたらした歴史があるが[19]，一方では，その旺盛な繁殖特性を武器に，古くからし尿，畜産，食品加工などの各種有機排水の処理や[17)19)~23]，池および湖沼の水域浄化[18)24)~30]，さらにはホテイアオイがカドミウムやニッケルなどの重金属類を特異的に吸収し，蓄積しやすいという性質を利用して，それらの除去に利用されてきた[17)31)~33]。

　しかしながら，これらの利点とは裏腹に，利用のし方（技術的には維持管理のし方という言葉が妥当）を一つ間違えれば，上述の児島湖の例や，水域によっては航行の妨害，排水障害，親水障害，灌漑施設・洪水調節施設への被害，さらにはホテイアオイの繁茂によって生じる大気から水中への酸素供給の減少，また太陽光の遮断によってもたらされる他の植物（藻類を含む）の光合成作用の低下による酸素供給の減少などに伴って水域の生態系が脅かされることにもなりかねない[19)31]。実際，これに関連して，手賀沼（千葉県）で行われているホテイアオイ植栽の圃場における水質は，水中に脱落したホテイアオイからの根，根茎，葉，匍匐枝などの分解無機化に伴う酸素消費によって圃場外に比較して溶存酸素が少なく，かつ栄養塩類濃度が高いという報告がある[34]。

---

　*ホテイアオイ：学名は *Eichhornia crassipes* Solms-Laub. で，南米ブラジルを原産地とする淡いむらさき色の美しい花を咲かせる大型の水生植物の一種で，わが国には明治中期に観賞用として持ち込まれ，逸出帰化し，現在では福島県，富山県以西の各地の水域に広く分布している[35]。

事例1　手賀沼におけるホテイアオイの植栽・回収

　手賀沼は，千葉県の北西部に位置し，水面積は手賀沼国営干拓事業（竣工：昭和43年）によって1,180 haから650 haに減少し，現在，沼の諸元は，周囲延長が38 km，平均湛水量が560万 m^3，そして水深は昭和55年10月現在（最近，浚渫等により水深が幾分変化したが，沼全体からみればさほど変わりがないと思われる）で平均0.86 m（最大：3.8 m）である。

　地形は，図6.3に示すように，大きく本手賀沼（縦断距離：約7 km，横断最大距離：約1 km）と下手賀沼（縦断距離：2.7 km，横断最大距離：0.3 km）に分けられ，沼水は，いずれも晴天時には手賀川を経て利根川（水面位が手賀沼に比べ1〜1.5 m低い）に自然放流される。流域面積は分水嶺区分面積で15,016.4 ha，流入河川は大堀川，大津川，染井入落の3河川が本手賀沼，そして金山落，亀成川の2河川が下手賀沼へそれぞれ流入している。

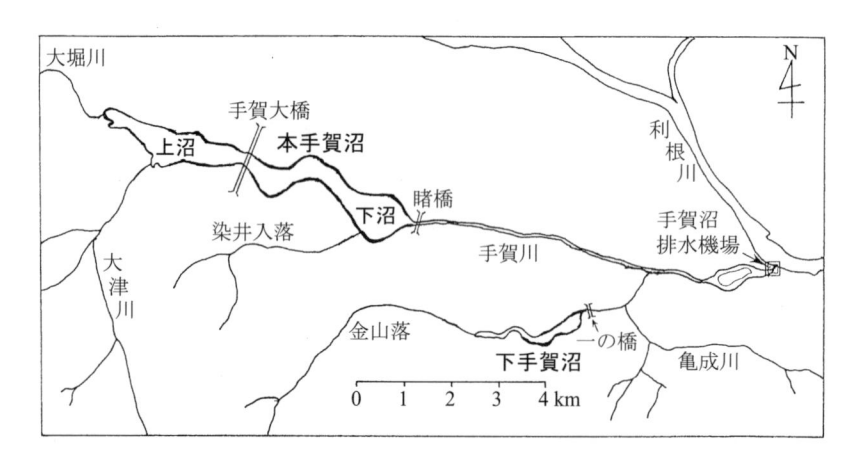

図6.3　手賀沼の地形と流入河川

（1）　植栽および回収の方法と維持管理

1) 植栽と回収の方法

　手賀沼でホテイアオイの植栽・回収による水質浄化が初めて試みられたのは昭和56年度からであるが，昭和59年度までは試行錯誤の実験段階であった。植

[6] 湖沼の浄化技術と事例　49

栽が本格的な事業として開始されたのは昭和60年度からであり，今なお，植栽面積は縮小されたものの継続されている。

　植栽圃場は，平成5年度までは，図6.4に示すように，手賀沼の主要流入河川である大堀川の河口前面水域（第1圃場）と大津川の河口左岸水域（第2圃場），我孫子市手賀沼公園前（第3圃場），手賀大橋そばの水域（第4圃場）の4カ所，そしてそれぞれの面積は1ユニットを$900\,\mathrm{m}^2$（$30\,\mathrm{m} \times 30\,\mathrm{m}$）として，第1圃場が4ユニット，第2，第3および第4圃場のそれぞれが2ユニットの計10ユニット（$9{,}000\,\mathrm{m}^2$）である。しかし，平成6年度からは，第2および第4圃場が廃止され，残りの第1および第3のみが圃場として現在も継続されている。

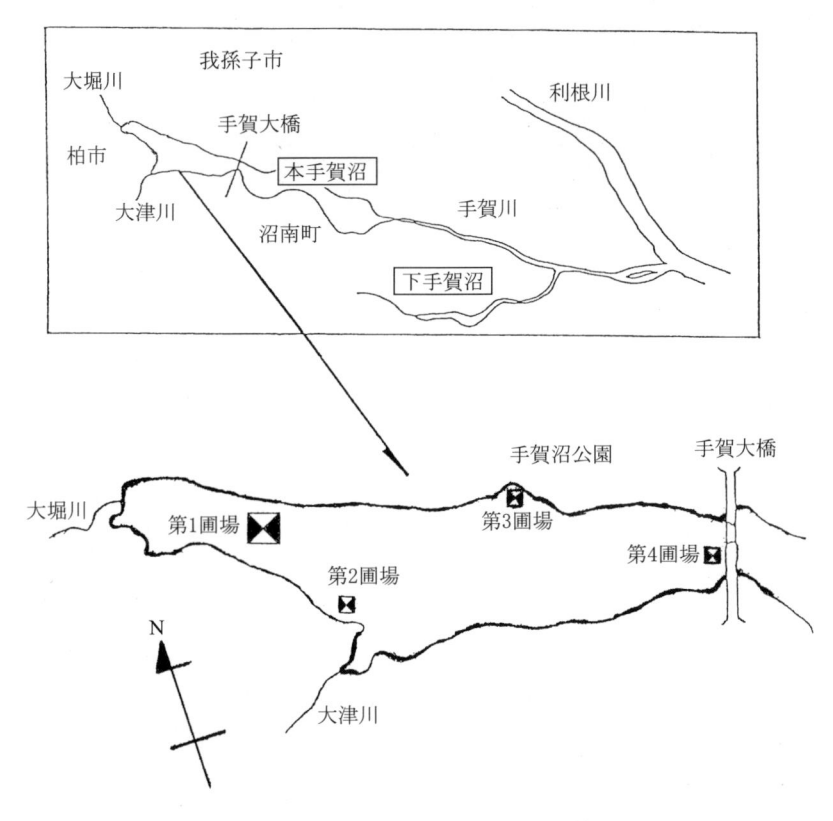

図6.4　手賀沼におけるホテイアオイの植栽圃場

植栽は，毎年6月1日〜3日に種株を1ユニット当たり約1,000株（平均草高：約12 cm）程度を投入し，9月一杯まで生育させる。種株は昭和61年度まで，主として手賀沼漁業組合のスッポン養殖用の温室で越冬させたホテイアオイを使用し，不足分は業者から購入していたが，昭和62年からは地下水を利用した我孫子手賀沼漁業組合の魚養殖池排水の放流先である手賀沼の水辺にビニールハウスを設営し，そこで越冬が可能（地下水の水温は12°C前後と冬季でも沼に比べ高くほぼ一定である）となったホテイアオイを利用している（写真6.1）。

写真6.1 手賀沼の水辺に設営したビニールハウスで越冬させた植栽用のホテイアオイの種株

回収は，毎年10月上旬頃に水面清掃船「みずすまし号」（建造費：約2千万円）でチップ状（10 cm程度）に破砕して陸揚げしている。

2) 維持管理と経費

ホテイアオイの植栽作業にあたっては，まず圃場の整備と種株（我孫子手賀沼漁業組合と1株15円で1万株を越冬契約）の投入がある。そしてその後の生育期間中は，ホテイアオイの流出防止のため植栽圃場全体を囲んだ漁網の監視や，破損の修繕などで週1回程度の巡視を行っているが，これらの経費は約40万円である。

費用がもっとも多く掛かるのは，ホテイアオイ回収作業における人件費と関連機具類の借り上げ費である。回収作業に必要な日数は，その年のホテイアオイの生育状況によって異なるが，大体は4〜7日である。この作業に要する費用は，

[6] 湖沼の浄化技術と事例　51

囲場からホテイアオイを陸揚げ場まで運送（囲場を囲ってある漁網もろとも牽引して陸揚げ場に運ぶ）する動力船と，「みずすまし号」でチップ状に破砕したホテイアオイの利用を希望する農家に搬出する運搬車とそれに積み込むクレーン車の借り上げのほか，これら一連の作業に携わる1日当たり約15人程度の作業要員の人件費を含め約350万円である（写真6.2）。

写真6.2　ホテイアオイの回収作業

（2）　植栽・回収の実績と利活用
1)　植栽面積と回収量

表6.3は，実験開始の昭和56年度から平成11年度までの年度ごとの植栽面積と，回収量および単位面積（m^2）当たりの回収量を示している。

植栽面積は，実験段階の昭和56年度から昭和59年度までは一定しないが，昭和60年度から平成5年度までは9,000 m^2，また平成6年度から平成11年度までは5,400 m^2と，19年間にわたって植栽した総延べ面積は224,800 m^2である。

回収量は新鮮物重量（ホテイアオイを水面から取り上げた後に手で根を軽く握り締め，振って付着水分を取り除いた状態での重量を指す）で表示しているが，19年間にわたる総回収量は5,886.6トンであった。しかし，年度ごとの回収量を単位面積当たりでみると，1.4～75.9 kg（平均：34.6 kg/m^2）と著しく大きな変動がみられる。

表6.3 手賀沼におけるホテイアオイの年度別植栽面積と回収量

年度	植栽面積 (m^2)	回収量 (トン)	単位面積当たり回収量 (kg/m^2)
昭和 56	7,000	377.0	53.9
57	50,400	70.0	1.4
58	27,000	794.0	29.5
59	27,000	638.0	23.6
60	9,000	374.0	41.6
61	9,000	190.4	21.2
62	9,000	298.0	33.1
63	9,000	256.0	28.4
平成 1	9,000	298.6	33.2
2	9,000	348.3	27.5
3	9,000	198.3	22.0
4	9,000	353.6	39.2
5	9,000	130.4	14.5
6	5,400	410.0	75.9
7	5,400	182.0	33.7
8	5,400	100.0	18.5
9	5,400	271.0	50.1
10	5,400	332.0	61.5
11	5,400	265.0	49.1
合計 (平均)	224,800	5,886.6	(34.6)

(千葉県我孫子市手賀沼課資料より作成)

2) 利活用

　ホテイアオイの利活用の用途は，肥料，餌料，たんぱく食料源，エネルギー源などから焼酎の原料まで，実にさまざまであるが[37)38)]，手賀沼で植栽・回収されたホテイアオイは，当初からすべて農地還元（肥料）としての利活用である。

　その経緯をみると，昭和60年度までは，回収したホテイアオイをそのままの形で我孫子市内の農家が希望する畑，水田などに無造作に投入していたが，その後，農家での聞き取り調査で

- 水田に投入したホテイアオイは，田植え時期になっても腐敗・分解せずにそのまま残っている
- 畑を耕す時，耕うん機に絡みつき作業がはかどらない

- ほうれん草には,施肥効果があるようだ
- 全国一に汚い手賀沼で植栽・回収したホテイアオイを肥料として利用し,収穫した作物を安心して食べられる(出荷できる)のか

などの事項が指摘された[38]。

このようなことから,昭和60年度以降は,回収したホテイアオイを水面清掃船「みずすまし号」で約10 cm程度の大きさに破砕し,農家の希望する畑に搬出している。

農家では,この破砕したホテイアオイを,作付けする作物によって異なる利用のし方,たとえば,ほうれん草,ねぎなどの場合には畑で直接天日乾燥し(写真6.3),その後にすき込む,またトマト,きゅうり,大根,豆類などの場合は,稲わら,もみ殻,おが屑,落ち葉,豚ぷんなどと混ぜて堆肥化して,それぞれ利用している。

しかしながら,これらの肥料としての価値は,あくまでも補肥程度にすぎず,基肥は化学肥料にあるとしている(我孫子市手賀沼課での聞き取り)。

写真6.3 ねぎ畑で肥料に活用されるホテイアオイの天日乾燥

(3) 浄化効果と問題点

1) 浄化効果

植栽・回収したホテイアオイが手賀沼から水界外 (陸域) に搬出されたことは, 少なくともホテイアオイが生長 (同化) のために吸収した窒素およびりんの相当分を沼から除去したことになるが, これらの除去量については, ホテイアオイ回収時に併せて行った肥料成分分析結果に基づき算出してみる。

表6.4は, 我孫子市手賀沼課が平成5年～11年度の各年度にホテイアオイの回収時期に併せて分析した回収ホテイアオイの成分含有量の平均を示しているが, 窒素は湿ベースの平均で1.42 mg/g, りんは0.14 mg/gである。

表6.4 手賀沼で回収したホテイアオイの窒素およびりんの成分含有 (湿ベース)

成分	年度 (平成)							平均
	5	6	7	8	9	10	11	
窒素 (mg/g)	1.73	1.54	1.31	1.05	1.38	1.47	1.48	1.42
りん (mg/g)	0.22	0.12	0.12	0.12	0.19	0.13	0.10	0.14

(我孫子市手賀沼課資料より作成)

この結果に基づき, 表6.3に示した昭和56年度から平成11年度までの19年間に回収されたホテイアオイによって沼から除去された窒素およびりんの総量を算出すると, それぞれ8,358.9 kg, 824.1 kgである。

これらの除去量が, 果たして水質浄化につながるものかどうかについては, なかなか評価し難いところがある。

参考までに, 平成11年度末現在における手賀沼流域で発生した1日当たりの栄養塩類負荷量 (第2章の表2.1参照。窒素：1,988 kg, りん：183.5 kg) と比べてみると, 窒素およびりんは, それぞれ約4.2日分, 4.5日分相当である。

2) 問題と課題

ホテイアオイの植栽・回収の浄化技術において, まず最初に問題となるのは, 回収量が表6.3に示したように, 年によって著しく変動することである。しかし, これは, 植物の生長がその年の天候に大きく支配される以上, 避けがたい不測の

問題である.仮にここで,植栽面積を拡大し,回収量の増大を試みたとしても,時として前述したように,旺盛な繁茂によって水中での酸素濃度の減少などを招き,ひいては生態系を脅かしかねない結果を生じることにもなる.要するに,この浄化技術は栄養塩類負荷削減(富栄養化)対策との関連において適正な植栽面積の決定など,事業としては確信のある計画を立て難いという問題を内在している.

一方,その他の問題として,ホテイアオイの生長は天候のみならず,鳥類による被害,特に植栽用として投入した種株がカモ,アヒル,オオバンなどの水鳥によって葉茎がことごとく食べられ,回収までには至らないこともある.実際,手賀沼においては年間を通して生息するオオバンの食害によって圃場の一つが台無しになった例がある.また,ホテイアオイの生長は,同じ湖沼でも植栽する水域(場)によって異なる生長を示すことが多々あるので注意を要する.たとえば,図6.4に示した手賀沼の圃場を例にみると,生長がもっとも旺盛で早いのは,大堀川河口前面の第1圃場,そして第2,第3,第4の順であるが,これは,各圃場での栄養塩類成分の存在形態とその濃度との関係,すなわちNH_4-N濃度の多寡が大きく影響した結果である(NH_4-N濃度が高いほど生育がよい)[39].

つぎに,回収したホテイアオイを利活用している農家での聞き取り調査のなかで,それを肥料として利用し,収穫した作物についての不安の問題(汚染)があったが,これについては各圃場から回収したホテイアオイ葉茎中の重金属成分含量が[40],亜鉛を除き,鉛,カドミウム,鉄,マンガン,クロム,銅のいずれも千葉県の水田および畑地土壌のそれらの含量[41]に比べ同程度か,または下回っており,ほとんど問題はないと思われる.ただ,このホテイアオイの利活用に関しては,農家がその活用を積極的に希望しているわけではなく,市当局がその運搬を無料で行うという条件があることで辛うじて成り立っているにすぎない.この意味では,今後の利活用のあり方に大きな課題を残しているといえる.

なお,手賀沼のホテイアオイ植栽・回収事業が平成6年度をもって縮小されたが,この背後には厳しい予算上の問題と同時に,浄化効果に対する評価が期待したほどではなかったことも一因にあると思われる.にもかかわらず,今なお植

栽圃場の一部を残すに至った理由の一つには，市民に対する沼浄化の啓発的および環境教育的な効果を強く期待してのことといえる。

最後に，最近，以上のこととは別に，水生植物を利用した水質浄化が自然に優しい浄化法として，むやみにもてはやされているきらいがある。実際，パピルス，ケナフ，ヨシ，マコモ，フトイ，ガマなど，実にさまざまな水生植物が在来種，外来種を問わず水質浄化に用いられている。確かに，実験レベル程度の規模ではそれなりの効果があるとしているものの，実用化レベルの規模になると事例も極端に少なくなり，効果のほどもはっきりしていないのが現状である。

もとより，水生植物には種類ごとに生育するにふさわしい水環境があり，その中で初めて水生植物のもつ機能が発揮されるのである。なかには，水質汚濁が原因で消滅した水生植物を，他の水域から購入して，再びその汚濁した水域に何ら対策を講じないまま単純に移植して水質浄化を図ろうとする事例もみられるが，これはまったく不自然なことである。

水生植物を利用する水質浄化は，ただ単に栄養塩類吸収という生理学的な特徴の一部を取り上げて，利用の是非を問うのではなく，その水域の自然の歴史の中で果たしてきた水生植物の役割を全体として捉えて，それに見合った水環境の中で利用すべきである。

いずれにしても，湖沼の浄化技術としての水生植物の植栽・回収には，以上のような様々な問題と課題が内在していることは事実であり，その事業化にあたってはかなり周到な計画が要求されることを認識しておく必要がある。

事例2　印旛沼におけるヒシ刈り取り

印旛沼は，図6.5に示すように，千葉県の北西部に上述の手賀沼と隣り合わせで位置している。沼は，北印旛沼（水面積：6.26 km^2，平均湛水量：1,500万 m^3）および西印旛沼（水面積：5.29 km^2，平均湛水量：1,270 m^3），そしてこれら両沼を結ぶ捷水路から構成され，周囲延長は26.5 km，また水深は平均で1.7 m（最大水深：2.5 m）の諸元を持つ。

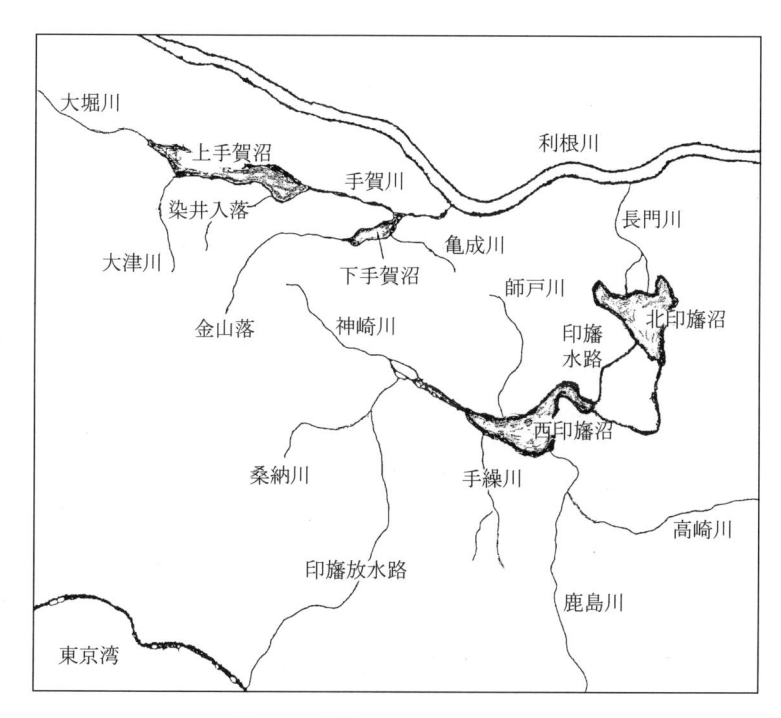

図 6.5 印旛沼の地形と流入河川

流域面積は 50,135 ha, 流入河川は師戸川（もろとがわ），神崎川（かんざきがわ），桑納川（かんのうがわ），手繰川（てぐりがわ），鹿島川の5河川が西印旛沼，そして長門川（ながとがわ）が北印旛沼にそれぞれ流入している。また，印旛放水路は，印旛沼から東京湾に注ぐ沼水の放流水路である。

沼水の用途は，農業および水産はもとより，県内の貴重な上水源および工業用水源となっている。

(1) ヒシの分布状況

かつて印旛沼は40種類以上にもおよぶ水生植物の一大宝庫であったが，印旛沼開発（干拓）事業（昭和38年〜昭和45年）後は種類も急激に減少し，昭和56年に西印旛沼の調査で観察されたのは，ただ単に沈水植物のササバモにすぎなかったとされている[42]。そして昭和59年の調査ではさらに減少し，西印旛沼の

水域では，浮葉植物および沈水植物が生育できない状態にまでなり，代わってこの年の夏季には漁船が航行できないほどオニヒシ（別名：オトコヒシ，*Trapa japonica* Flerov var. *japonica* NAKAI）群落の形成が観察された[43]。また翌年の昭和60年には北印旛沼にもオニヒシの繁殖がみられるようになった[44]。

表6.5は，測量[45]，リモートセンシング[46]，航空写真[47]，その他[48]の調査から得られた印旛沼におけるヒシの分布面積をとりまとめて示しているが[49]，ヒシの分布面積は，昭和56年に沼全体で104 haであったのが，昭和61年には約5倍近い474 haに拡大している。

なお，ここで，かつての印旛沼のヒシのみの生育状況に限ってみると，開発（干拓）以前にはヒシ（別名：ミズモクサ，*Trapa japonica* Flerov），ヒメヒシ（別名：コオニヒシ，*Trapa incisa* Sieb. et. Zucc），そしてオニヒシのヒシ科の全種が生育していたといわれている[50]。

表6.5　印旛沼におけるヒシ分布面積(ha)の推移

調査年月	北印旛沼	西印旛沼	合計
昭和56年9月	24.8	79.2	104
59年7月	91.96	(調査なし)	—
60年9月	236	44	280
61年7月	338	136	474

(文献[45]～[48]より作成)

(2) ヒシの刈り取りと維持管理

1) 刈り取りの背景と方法

印旛沼でヒシの刈り取りが行われるようになった背景には，昭和60年からのヒシの異常繁殖に伴って

- 秋季に水中に凋落した葉茎が溶解して窒素，りんを増加させ，アオコや悪臭の発生等を助長する水質悪化を招き，一部は沼底に堆積しヘドロを形成する

- 沼の水面を覆いつくした水生植物の葉は，大気との接触を遮断して水中の酸素を減少，また日光を遮断するため水温低下の原因になる

[6] 湖沼の浄化技術と事例　　59

- 沼水の流動化が阻害され，沼水は停滞し水質の悪化を進行させる
- 船舶の航行を不能にして，漁業や遊船の妨げとなる

などの深刻な影響がではじめたことがある[48]。

このことから，千葉県は昭和61年に琵琶湖から水草刈り取り船をチャーターしてヒシの刈り取り試験を行い，そして翌昭和62年には，沼の富栄養化防止，漁場の整備，漁船および遊船の航路確保などを目的としてアメリカから水草刈り取り船（機種型：ハーベスターH3000）を3,408万円（県補助が3分の2，地元負担が3分の1）で購入し（性能：刈り取り幅は3m，刈り取り面積は1日当たり19,000 m^2），平成6年までヒシの刈り取りを行った（写真6.4）。

なお，ヒシの刈り取りは，沼底面上15～20 cmの茎部から行っている。

写真6.4　ヒシ刈り取り船「ハーベスト号」

2)　維持管理と経費

ヒシ刈り取りに係る維持管理の経費には，主として毎年6～9月の間に行う刈り取り作業時に雇用する水草刈り取り船の操舵手と作業要員の人件費，この他に刈り取ったヒシを陸揚げ場まで運搬する船を2～4隻，パトロール船1隻，陸揚げするクレーン車1台とその搬出用のダンプ車2台の借り上げ，そして刈り取り

船の整備と破損部品の交換などを含めた経費があり，これらをすべて含めて年間約250万円程度を要している。

(3) 刈り取りの実績と利活用

1) 刈り取り面積と量

表6.6は，刈り取りを本格的に行った昭和62年から平成6年までの各年における北印旛沼と西印旛沼での刈り取り面積と量の実績を示している[51]。

北印旛沼では，昭和62年以降，刈り取り面積を年々拡大したが，刈り取り量は徐々に減少，特に平成3年には面積が昭和62年の約2倍に増加したにもかかわらず，量は急激に減少して約10分の1程度になり，平成4年には事業を終了した。

一方，西印旛沼については，平成3年まで刈り取り面積にさほど違いはないが，量は年ごとにかなり大きな変化を示している。平成4年以降は，それ以前に比べ面積は増加したものの，量は相対的に少ない。

ともあれ，昭和62年から平成6年までの8年間にわたって行われたヒシ刈り取りの延べ面積は，沼全体で1,379.4 ha，総量は5,387.4トンである。

表6.6　印旛沼におけるヒシ刈り取り面積と量の実績

年度	北印旛沼		西印旛沼		合計	
	刈り取り面積(ha)	刈り取り重量(トン)	刈り取り面積(ha)	刈り取り重量(トン)	刈り取り面積(ha)	刈り取り重量(トン)
昭和62	106.1	1,621.3	46.1	285.2	152.2	1,906.5
63	148.6	761.4	46.0	396.0	194.6	1,157.4
平成元年	183.4	995.6	55.0	84.3	283.4	1,097.9
2	185.4	698.3	55.0	160.5	240.4	858.8
3	195.5	173.7	55.0	39.1	250.5	212.8
4	—	—	86.1	43.5	86.1	43.5
5	—	—	86.1	78.3	86.1	78.3
6	—	—	86.1	50.2	86.1	50.2
合計	819.0	4,250.3	515.4	1,137.1	1,379.4	5,387.4

(資料：印旛沼環境白書[51]より作成)

2) 利活用

刈り取られたヒシは，当初，沼流域の農家に一部引き取られ，里いも畑の日よけとして利用されていた。その後は，沼べりの空き地などに野積み状態で置か

れているが，11月〜12月頃になると，沼周辺のいちご栽培農家がこの自然天日乾燥したヒシを持ち帰り，もみ殻などと混ぜ合わせ堆肥にして，いちごのハウス栽培に活用している（根本金重・元印旛沼漁業共同組合長の話）．

(4) 浄化効果と問題点

1) 浄化効果

 ヒシの刈り取りによる浄化効果については，前述のホテイアオイと同様，刈り取られたヒシの成分分析結果に基づき，沼水からの窒素およびりんの除去量を算出してみる．

 ヒシの成分含有率は[47]，表6.7に示すように，北印旛沼と西印旛沼，および開花の前と後では多少の差がみられるが，葉部と茎根部ではまったく異なる．しかし，浄化効果は刈り取り後を問題とするため，窒素およびりんの算出には開花後の含有率，しかも刈り取りは葉部と茎部を同時に行うので両沼のそれらをすべて平均した窒素とりんの含有率（N：0.18％，P：0.05％）を用いることにする．

 結果は，8年間のヒシ刈り取りによって沼から除去された窒素およびりんの総量は，それぞれ9,697.3 kg，2,693.7 kgである．

 なお，参考までに，これらの除去量を平成11年度末の印旛沼流域で発生した1日あたりの窒素（3,606 kg）およびりん（285.0 kg）の負荷量と比較してみると，それぞれ約2.7日分，9.5日分に相当する量である．

表6.7 印旛沼におけるヒシの開花前・後における葉部および根茎部の成分含有率（％）

		北印旛沼		西印旛沼	
		葉部	根茎部	葉部	根茎部
開花前	水分	88.89	92.05	87.55	92.43
	窒素	0.40	0.19	0.42	0.16
	りん	0.12	0.06	0.09	0.04
開花後	水分	89.08	93.97	90.62	92.60
	窒素	0.24	0.11	0.20	0.17
	りん	0.08	0.03	0.05	0.04

（千葉県環境部水質保全課[47]より作成）

〔備考〕開花前：昭和60年7月24日採取
　　　　開花後：昭和60年9月2日採取

2) 問題と課題

　表6.6に示したように，ヒシの刈り取り面積は年々拡大されていたにもかかわらず，刈り取り量は減少している。これはヒシが果実から発芽するという生理特性により，一度刈り取られると再生産が確実に抑えられるからである。しかし，一方では，沼で拮抗関係（ヒシの繁茂が太陽光の水中への透過を遮り，また栄養塩類を優先的に吸収し藻類の同化作用を抑制）にあったヒシの消滅によって太陽光が水中深くまで透過，また流域から流出してきた栄養塩類が再び増加し，その結果アオコの大量発生などを招き水質の2次汚濁をもたらすことにもなると思われる。

　また，ヒシの消滅は，沼周辺の地場産業の一つである漁業との関連において，魚類の産卵，生育などの生産の場を失うことの懸念もある。

　ともあれ，自生する水生植物の刈り取りによる水域浄化については，その効果もさることながら，その水生植物が水域の生態系や，地域社会経済の中で果たしてきた役割などを十分に評価，考慮して，適切な計画を立てて実施されるべきである。

　なお，最後に印旛沼の水質汚濁の年変化をみると，昭和54年度～昭和62年度の9年間は連続して全国湖沼水質ワースト5の常連であったが，本格的なヒシ刈り取り開始の2年目に当たる昭和63年度からは，奇しくも脱出することができた。しかし，ヒシ刈り取り事業が終了しかけた平成6年度からは，再びワースト5の中に逆戻りし，今日（平成11年度は全国湖沼ワースト2）に至っている。水質浄化を目指して積極的に行ったはずのヒシの刈り取りと，結果としての水質ワースト2，これは決して偶然の出来事ではないことに注目する必要がある。

6.2　藻類抑制・除去（回収）

6.2.1　藻類の種類と特徴

　藻類（主として植物プランクトンを指す）と一概に称するものの，ここでは，あくまでも淡水の湖沼で分類され，生活する植物プランクトンを対象とするが，その

種類はとてつもなく多い。その一部として、通常の自然水界で比較的多く出現する藻類の数種を挙げてみると、らん藻類ではアオコ (*Microcystis*)、ニセネンジュモ (*Anabaena*)、サヤユレモ (*Phormidium*)、チャツツケイソウ (*Melosira*)、ユレモ (*Oscillatoria*) など、けい藻類はホシガタケイソウ (*Asterionella*)、ハリケイソウ (*Nitzchia*)、フネケイソウ (*Navicula*)、ナガケイソウ (*Synedra*)、ヒノマルケイソウ (*Cyclotella*) など、そして緑藻類ではオオヒゲマワリ (*Volvox*)、ニセミカズキモ (*Selenastrum*)、クンショウモ (*Pediastrum*)、イカダモ (*Scenedesmus*) などを主として、この他に緑虫類のミドリムシ (*Euglena*)、炎色藻類のヨロイモ (*Peridinium*) などと、実に多種多様である[52)53)]。

これに対して、汚濁した湖沼では、出現する藻類 (他の生物を含め) は長期にわたり限られた数種が優占するにすぎず、生態系そのものも構造的に極めて単純化している。このことは、生物からみた汚濁水域の一般的特徴ともいえ、また逆に生物の優占種から水域の汚濁程度を知ることもできる[54)]。たとえば、水質ワースト1の手賀沼を例に年間を通じ出現頻度と細胞個体数で圧倒的に優占する植物プランクトン種の経年変化 (昭和56年度～平成9年度) をみると、らん藻類では17年間通してほとんどが *Microcystis aeruginosa*、けい藻類は、平成3年度まで *Cyclotella* spp.、その後は *Thalassiosiracea*、そして緑藻類はほとんど *Micractinium pusillum* と、まったく変わっていない[55)56)]。

しかし、これら植物プランクトンの生産 (増殖) は、種類や水質汚濁には関係なく、植物という名がつく以上、先に述べた水生植物と同様、光、温度を基本的生活環境要因として、光合成に必要な炭酸源は水中に溶けて遊離している炭酸 (CO_2 と H_2CO_3) を体表から吸収、そして養分として無機態の窒素およびりんを体内に摂取して有機態に同化している。しかし、植物プランクトンが水生植物などの他の植物と決定的に異なる点は、生態的に水底からまったく離れて水中で浮遊生活していること、要するに栄養吸収、増殖などの全生活史を浮遊中に行うことである[52)]。

6.2.2 浄化の原理と抑制・除去対象の藻類

水域の浄化技術としての藻類の抑制・除去 (回収) は, 手法的には藻類の抑制と, 除去 (回収) とはまったく次元の異なるもので, 自ずと浄化の原理もそれぞれ異なってくる。

まず, 藻類の抑制には, 大きく

- 藻類の増殖 (生産) を引き起こす要因を断ち切る
- 今, 現存している藻類を殺藻等で消滅
- 現存を越えて増殖しようとする藻類を抑制

の3つが考えられる。前者はどのような要因を対象にするのかによって抜本的あるいは対症療法のいずれか, そして後者の2つは, まったく対症療法的な抑制であるが, いずれにおいても, 浄化の原理は汚濁の2次汚濁を招く内部生産COD を対象にして皆無にするか, または抑えるかの程度の差であって, 基本的には, 変わりはない。

藻類の増殖抑制は, 抜本的には窒素およびりんの栄養塩類物質を発生源で完全に除去することである。しかし, これは現在の技術レベルからみて除外するとして, 他に考えられる手段は藻類の増殖に必須条件である太陽光を遮断 (光合成作用の阻害) することである。特に, この光の遮断に関しては, たとえ完全な遮断をするまでに至らなくても, 光の少ない所で生活した藻類は, その後に強い光があたっても生産量が回復しないことが知られている[6]。実際, 湖沼での実験ではないが, 農業用水貯水用のファームポンドを太陽光85％遮光率の遮光ネットで完全に覆うことによって藻類の発生をほとんど抑えることができたとする報告もあるが[57], 要は湖沼という広い水面での遮光のし方である。これには, 前節で紹介した大型水生植物の植栽によって水面を覆い遮光することも考えられるものの, その繁茂がもたらす弊害との兼ね合いが問題となる。

しかし, 最近, 大型水生植物 (オオカナダモ, ハゴロモ, ホザキノフサモ) を積極的に利用して藻類 (らん藻の *Microcystis aeruginosa*, 緑藻の *Selenastrum capricornutum*) の増殖抑制が実験的に試みられている[58]。その原理は, 湖沼な

どでの大型水生植物と藻類の増殖の間における拮抗関係に基づいているが[59)60)],その原因には大型水生植物による栄養塩類の優先的な取り込みによる栄養塩類物質の欠乏,遮光,また大型水生植物が生産した化学物質などが挙げられている[58)]。

一方,現存する藻類,あるいはそれを越えてさらに増殖する藻類を抑制するには,即効的な手段として,硫酸銅,次亜塩素酸ソーダ,塩化銅などの薬剤を水中に散布しての殺藻があるが[1)],これは,水域の生態系を構成する他の生物や,いろいろな用途の利水に対する影響が十分に明らかにされていない現在においては,浄化技術としては難があるといえる。また,これとは別に,最近,微小鞭毛虫 (*Monas guttula*) にらん藻 (*Microcystis* 属) を捕食,分解させることによる水質改善が研究されているが,水域の浄化技術としては今後の課題であり,結局,湖沼の浄化技術としての藻類抑制は,以上のいずれの方法にしても,現実的には,実施不可能な状況にあると考えるのが賢明のようである。

つぎに,藻類の除去 (回収) についてであるが,浄化の原理は,何らかの手法を用いて除去 (回収) した藻類を水界外で処理・処分することによって,その藻類が同化によって摂取した窒素およびりんの相当量を水中から削減すると同時に,有機汚濁における内部生産の関与率を下げるということにある。しかし,問題点は,浮遊という生活形態特性によって水平および垂直方向に広く分布している数多くの藻類の中でどのような種類を特定し,どのような方法で回収し,除去しようとするのかにある。

ここで,結論からいうと,種類については,現在,アオコ* を形成する主な藻類のうち,らん藻のミクロキステス (*Microcystis*) 属の種 (主として *M. aeruginosa*, *M. wesenbergii*),サヤユレモ (*Phormidium*) 属,ニセネンジュモ (*Anabaena*)

---

*アオコ:一般的には,ある特殊の植物プランクトンを名指す種名と思われがちだが,これは,特に夏季に大量生産したらん藻類が原因となって,水面があたかも青緑色のペンキをまき散らしたような様相を呈する現象を指しているのである。しかし,ここで,そのアオコの "アオ (青)" を強調しようとするのであれば,著者が手賀沼で観察したマット化したアオコの枯死分解過程で呈する色相の変化,すなわち深緑⇒青 (空色) ⇒赤紫⇒黒紫⇒黒茶と,一連の色相変化の初期でみられる "青 (アオ)" の段階であり,この段階では青い粉 (コ) を吹いた様相をみせる。むしろ,この段階がもっともアオコと称するにふさわしい現象と思われる[61)]。

属などが適した対象とされているが,理由はその独特な生活形態にある。

らん藻類は,単体の細胞としては直径が3～7μm (1000 μm = 1 mm) と極めて微小であるが,通常の生活においては団塊状や,不規則なさまざまな形状で群体を成し,水面に浮遊(細胞内にタンパク質の膜で囲まれたガス胞,いわば微小な浮袋によって細胞の密度を調節して垂直運動も可能)している[61]。そして時として大量に発生した場合には,風下の岸辺に吹き寄せられて集積し,水面に数cm以上もの厚さに及ぶマット状の膜を形成する。

これに対し,他の藻類は群体を形成することなく,個々の細胞が単体で水中に広く分布している。結局,このような生活形態による分布特性の違いが,アオコ回収の可能性を決定的にしているといえる。そしてその回収と処理・処分については,岸辺に集積したアオコを陸側からバキューム車で回収,あるいは沼側からバキューム船で吸引・回収した後にバキューム車に移し替え,山地などに運搬して埋め立てたり,希望する農家の作物畑に散水したり,また回収後,直接特殊なフィルターなどによるろ過や,脱水,濃縮などをして農地に還元したり,焼却処分するなどがある[1)63)～65)]。

いずれにしても,このように回収し処理・処分された藻類は,水域の浄化において,ある一定の役割を果たすことはいうまでもない。しかし,このことによる浄化効果については,あくまでもある特定の時期や場所での,まさに一過性のものにすぎず,過分な期待は禁物である。

表6.8は,手賀沼におけるCODの形態別月変化(昭和61年5月～昭和62年1月)を示したものであるが[66],これをみると,CODに関与する内部生産(藻類)の割合は初夏～夏の6～8月に45～48%と低く,秋季～冬季に62～64%と高い。一方,この月々における内部生産を支えている藻類の調査結果をみると,初夏にはけい藻と緑藻,夏から秋にかけてはらん藻が優占し,それからけい藻,そして緑藻が優占するという消長パターンが認められている[67]。要するに,これらの結果から内部CODに影響を及ぼしている藻類は,らん藻のみではなく,季節ごとに優占して出現する種類である。特に,けい藻や緑藻にいたっては,らん藻と同じくらいに冬期の水質悪化に大きな影響を及ぼしているといえる。

しかしながら，現時点ではそれらの藻類を効率よく回収できる手段も技術もなく，結局，このことが藻類除去（回収）による水域浄化の最大の課題であり，限界となっている。

表6.8 手賀沼における形態別CODの月変化

COD形態	昭和61年					昭和62年
	5月	6月	8月	10月	11月	1月
全COD (mg/ℓ)	16	15	9.3	19	19	21
溶解性COD (mg/ℓ)	6.7	7.8	5.1	6.8	6.9	7.9
内部生産COD (mg/ℓ)	9.3	7.2	4.2	12.2	12.1	13.1
内部生産寄与率 (%)	58.1	48.0	45.2	64.2	63.6	62.4

(資料：千葉県環境部[66]より作成)

〔備考〕1. 8月の全CODが低いのは台風後の調査のため
2. 内部生産寄与率は全CODに対する割合

事例　手賀沼におけるアオコ回収

(1) アオコの回収と維持管理

1) アオコ回収の背景と方法

アオコの"におい"は，アオコが枯死分解する過程で生じる腐敗臭で，その"におい"は，アオコが呈する色相にもまして，筆舌に尽くしがたく，かつては夏になるときまって，手賀沼の風下にある我孫子市の市民から苦情が続出していた。

著者の経験によると，アオコが"におい"をもっともきつく発するのは，65ページの脚注（アオコ）で述べたアオコの枯死分解過程における色相変化の中で示す"青色"の段階である。その"におい"は，炎天下で豚ぷんを畑に撒き散らしたような臭気で，とにかく，私たちの通常の生活では，おそらく経験することのできないような目まいと吐き気を同時に引き起こすような強烈な"におい"であり，"臭さ"である。

このような事情もあり，手賀沼で初めてアオコの回収が行われたのは，"におい"対策に端を発しているが，その回収が水質浄化対策の事業として本格的に行われたのは昭和59年度からである。当時の回収は，岸辺に吹き寄せられマッ

ト状に集積したアオコを陸側からバキューム車 (写真 6.5), また沼側からは "におい" 対策のため昭和 57 年に約 2 千万円をかけて建造した水面清掃船「みずすまし号」(最大吸引水量：34 m^3/時) によってそれぞれ吸引, 回収していたが, その方法は現在も同様に引き継がれている.

写真 6.5　バキューム車による陸上からのアオコ回収

　その後は昭和 60 年度から, これらの方法と併せて, 沼からポンプで直接吸引・回収したアオコを特殊な化学繊維系のろ布を用いて分離, 脱水して固形化する機能を有する「アオコ分離脱水装置」(最大吸引水量：40 m^3/時) を 2 基 (費用：2 基で 5,825 万円) 購入 (写真 6.6), また平成 4 年度からは 2 トントラックにアオコ分離脱水装置を積載した移動型アオコ分離脱水装置 (最大吸引水量：3 m^3/時) を 1 台購入 (3,914 万円) して (写真 6.7), 回収の強化を図っている.

[6] 湖沼の浄化技術と事例　69

写真 6.6　アオコ分離脱水装置

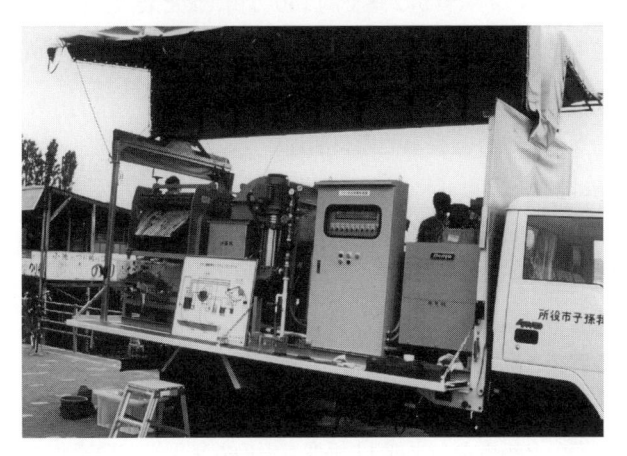

写真 6.7　自動車に搭載した移動型アオコ分離脱水装置

2) 維持管理と経費

ア) バキューム車と水面清掃船「みずすまし号」関連

　　これらの車および船の稼働は, アオコの発生状況 (多寡) によって年度ごとで異なるが, 延べ日数にして年間 30～40 日である。

　　清掃船の回収作業に係る費用は, 清掃船を曳航する動力船と, 実際にア

オコをホースで吸引・回収する作業船（サッパ船），そして清掃船の回収したアオコを移し替え，希望する農家の畑や，埋め立てのため山地などに運搬するバキューム車の借り上げと，その作業に携わる作業要員の費用が年間約350万円である。

イ）「アオコ分離脱水装置」関連

装置の運転は，アオコの発生がみられる5月下旬から11月上旬までのほとんど毎日，午前7時～午後6時までであるが，発生がひどい場合は午後9時まで延長される。

この運転に伴う年間の費用は，毎日の装置の点検や，回収した脱水アオコの農家への搬出などを行う作業要員（1日2～3人）の人件費が約500万円，装置運転の電気料が2基で約140万円，また装置に係る消耗品として濃縮および脱水のろ布の交換（1基当たり2枚）が約100万円，そして装置本体およびポンプなどの修理費として約50万円である。

ウ）「移動型アオコ分離脱水装置」関連

稼働は，すべて委託によって行われるが，その費用が158万円。この他にろ布の交換として約37万円と，自動車および機械の整備に約50万円の計245万円である。

(2) 回収の実績と利活用

1) 回収量

表6.9は，昭和59年度から平成11年度までの各年度において「バキューム車」および「みずすまし号」で回収された懸濁態アオコ量と，「アオコ分離脱水装置」ならびに「移動型アオコ分離脱水装置」のそれぞれで回収された脱水アオコ量を示している。

懸濁態アオコとしての回収は総量で17,310.8トン，また脱水アオコは，「アオコ分離脱水装置」の127.57トンと，「移動型」での8.08トンを合わせて合計135.65トンである。

表6.9 手賀沼におけるアオコの年度別回収量

種類 回収法	懸濁態アオコ(トン) バキューム車および 「みずすまし号」	脱水アオコ(トン)	
		アオコ分離 脱水装置	移動型アオコ 分離脱水装置
昭和59	178.1	—	—
60	1,434.1	5.50	—
61	1,349.4	4.10	—
62	1,327.6	7.75	—
63	621.0	2.90	—
平成 1	992.4	4.80	—
2	1,439.2	11.00	—
3	1,519.4	7.30	—
4	1,706.2	10.90	1.71
5	814.2	7.74	0.81
6	1,270.8	12.50	1.27
7	1,035.0	15.30	1.04
8	716.4	12.40	0.72
9	907.2	17.40	0.91
10	1,099.8	3.01	0.87
11	900.0	4.97	0.75
合計	17,310.8	127.57	8.08

(我孫子市手賀沼課資料より作成)

2) 利活用

当初,"におい"対策として回収されていたアオコは,沼周辺の農家が希望する畑に散水用水の代替として処分されていたが,その畑では高品質のねぎやほうれん草がたくさん収穫され,一躍注目を浴びることになった。これを機に,アオコの肥料成分を分析した結果,特徴としては"高タンパク低塩分"であり,特に窒素については魚粉に匹敵するほどに優れた有機肥料であることが明らかにされた[68]。このことから,我孫子漁業共同組合の敷地では,すいか,かぼちゃ,なす,ミニとまと,はくさい,トウガラシなどの肥料としての活用を実用化に向けて実験を行ったが,結果はなす以外に期待し得るものではなかったという(我孫子手賀沼漁業共同組合で聞き取り)。

この後の利活用は,強烈な"におい"にもかかわらず,懸濁態アオコは,主としてほうれん草,ねぎ,なすの畑地に水不足を補う散水用水として用いられてい

る。また，脱水アオコは，回収量が少ないこともあって，そのほとんどはアオコ回収に携わる作業要員（農家）に引き取られ，植木の肥料などに利用されている（我孫子手賀沼漁業組合，我孫子市手賀沼課で聞き取り）。

(3) 浄化効果と問題点

1) 浄化効果

前節で事例として紹介したホテイアオイ植栽・回収，ヒシ回収の場合と同様，アオコの成分分析結果に基づき，その回収実績から窒素およびりんの沼水からの除去量を算出してみる。

我孫子市が平成10年度および平成11年度のアオコ回収時に併せて行った成分分析結果の2年間平均でみると，懸濁態アオコの窒素およびりんの含有率が湿ベースでそれぞれ0.038％，0.001％，また脱水アオコはそれぞれ0.90％，0.221％であった（我孫子市手賀沼課聞き取り）。

この結果に基づき，昭和59年度～平成11年度の16年間にわたって回収された懸濁態アオコによって沼水から除去された窒素は総量で6,578.1 kg，りんは173.1 kg，またアオコ分離脱水装置および移動型の脱水アオコでは窒素が総量で1,220.8 kg，りんは299.8 kgと，全体で窒素が7,798.9 kg，りんは472.9 kgと算出される。

ここで，参考までに，これらの量を平成11年度末現在の手賀沼流域で発生した1日当たりの栄養塩類負荷量（第2章の表2.1参照。窒素：1,988 kg，りん：183.5 kg）と比較してみると，窒素は約4日分，りんは約2.6日分に相当する量である。

2) 問題と課題

まず，アオコの回収は，マット状に集積するというアオコの特異な特性の利用によって成り立っているのにもかかわらず，「アオコ分離脱水装置」では，その吸引・回収する部分が固定されている。このため，回収量の多寡は，あくまでもアオコの集積と量を決定する風向・風速に大きく依存することに加え，アオコそのものの発生が，とにかく，天候次第という避け難い問題を基本的に抱えている。

つぎに，利活用についてであるが，昭和61年に「窒素の過剰施用の害が比較的でにくい葉菜類を対象作物として，懸濁態アオコを1アール当たり1トン用いれば窒素の大半を賄うことができる。脱水アオコについては，稲わら，おが屑，樹皮などの炭素と窒素の比が高い材料や，土壌，ゼオライトなどの脱臭効果のある材料をまぶして安価に，そして簡便に臭気を遮断することができれば肥料的利用も可能である」という提言がなされていたが[68]，この実用化に向けての進展は，今なおみられない。

なぜならば，いま現在の利活用は，アオコ回収に携わっている作業要員の好意，要するに作業要員のほとんどが民家の密集地から離れた地域に住む兼業農家であり，好意的に引き取ってもらい処理・処分ができているからである。しかし，今後を考えた場合，先の提言は，無視し得るものではなく，課題として残るといえる。

最後に，住民から苦情が寄せられるアオコの"におい"は，単なる匂いの問題ではなく，まさに水質汚濁の一つの顕在化した形態といえる。いうまでもないが，この"におい"の抜本的対策はアオコの根絶である。しかし，それが無理難題である現状においては，自ずと"におい"のみを対象とした何らかの対策をもって対処せざるを得ない。

これについては，一例ではあるが，著者らが我孫子市手賀沼課職員の協力を得て行った対策を紹介する。まず，この対策を講じるに際して，著者らが現場で観察した重要なことは，水面一帯がアオコで青色を呈していても岸辺に集積せず，また水面が波立ってアオコが水中に完全に浸っているような場合は，住民から苦情が寄せられることはほとんどなかった。結局，このような事実を拠りどころにして，「沼水を機械的に流動化することによって必然的にアオコの発生と"におい"はある程度抑制できるであろう」という発想に至り，市販の水中ポンプ（馬力：1.5 kW，空気量：30 Nm^3/時，循環水量：40 m^3/時）を改良し，それをアオコの集積がひどい入江で水面積約1,500 m^{2}当たり1基の割合（染料を利用した著者らの拡散実験から推測）で平成4年度から設置した。以来，毎年アオコの発生時期には改良水中ポンプを入江に設置して流動化を図っているが（写真6.8），

住民からの"におい"の苦情はまったく寄せられていない。

写真 6.8 改良した水中ポンプによる沼水の流動化

6.3 浄化用水導水

6.3.1 浄化の原理と実施課題

きれいな河川水等をポンプで圧送，あるいは導水路（管）を通して汚濁した湖沼に導水して水質の浄化を図ろうとするのがこの技術である。

浄化原理は，導水される量の多寡によって持つ意味が幾分異なってくるが，基本的には希釈，要するに第1章で述べた自然水界が持っている物理的希釈による自浄作用を助長することであり，この他に流況の変化に伴う滞留時間（湖水の更新時間）の短縮がある。そしてこれらによってもたらされる効果には，希釈作用によるいろいろな汚濁物質濃度の減少，滞留時間の短縮による植物プランクトンの流失と増殖（内部生産）の抑制，また底泥の悪化の防止などがある[9]~[12]。しかし，これらの効果の持続性については，導水が連続的に行われているという条件下でのことであり，もし，これが断続的な導水に終わるならば，様相はかなり短時間のうちに元の状態に戻ってしまうことになる。

図6.6は，昭和61年の台風10号の来襲に伴い同年8月4日午後から8月5日午前まで手賀沼流域で集中的に降った豪雨（200〜230 mm）を断続導水による浄化用水のモデルとなぞらえ，それが手賀沼の表層水と底層水の水質（COD濃度）にどのような変化をもたらしたかについて示している。

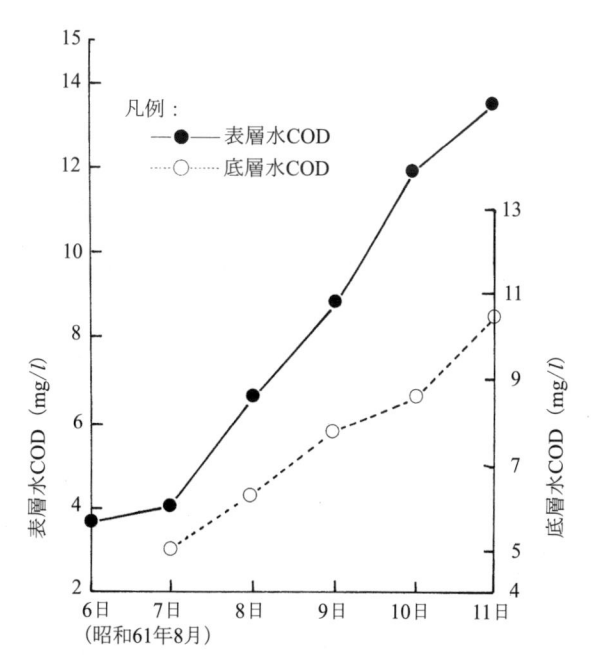

図6.6　台風がもたらした豪雨に伴う手賀沼のCOD濃度の変化[69]

　調査は台風通過翌日の8月6日から8月11日までの連続6日間において沼の横断方向に3調査地点（左岸，中央，右岸）を設けて行ったが，結果は，台風10号の来襲5日前（7月30日）に3調査地点から約400 m遡った上流の地点で行った調査で表層水のCOD濃度が15 mg/ℓであったのが，豪雨の翌日には4 mg/ℓ以下（3調査地点平均濃度）に低下した。しかし，その後は，再び急激に増加し，6日後には約14 mg/ℓと，台風前とほとんど変わらない濃度を示すまでになっている[69]。

断続導水による浄化効果は，このモデルから示唆されるように，恐らくは，単に一過性で終わってしまう公算が非常に大きく，結局，効果維持のためには連続導水が基本とならざるを得ない。しかし，昨今，渇水期には全国的に飲み水の不足が叫ばれ，またいろいろな水利権（水利権をめぐっての争いは歴史に多く刻まれている）が複雑に交錯しあっている河川水を，ただ単に浄化用水として取水することに利権者の合意が得られるかについては，現実にはかなり難しい問題があるといえる。

一方，連続導水が可能であったとしても，周到な計画がない限り，必ずしもその水域に"利益"のみをもたらすとは限らず，"損失"も十分に考えておく必要がある。たとえば，滞留時間の長い湖沼で年月を経て構成された生態系が導水によって構造および機能のすべてが新たな生態系への変化を強いられ，その結果，地場産業の一つである水産業に大きな打撃を与えたり，その湖沼ならではの貴重な動・植物種が消滅するなど，いろいろな被害や影響を与えかねないのである。

水域で流れがあるのかないのか，またその流れが強いのか弱いのかなどの流況に加え，水生生物を取り巻く生活環境の水の"質"は生態系を構成する上で極めて重要な要因であることを十分に理解し，浄化用水の導入実施計画がなされるべきである。

事例　北千葉導水事業

(1) 事業の概要

建設省関東地方建設局利根川下流事務所と江戸川工事事務所が作成したパンフレットをみると，当該事業は

- 著しい都市化により慢性的な浸水被害が発生している手賀川（手賀沼の沼水を利根川に排水する水路）および坂川（千葉県松戸市を流れる流路延長 12.2 km の 1 級河川で江戸川に流入）の内水排除（手賀川では 80 m^3/秒の排水機場の設置）

- 全国一に汚濁した手賀沼の水質浄化

- 東京都・千葉県・埼玉県の約670万人への都市用水の供給

の3つを大きな目的に，利根川下流部から江戸川までの間に延べ28.5 kmの導水路を建設し，利根川の河川水を最大$30\,m^3$/秒で送水する計画である。

特に，この計画の中で注目されたのは，最大$10\,m^3$/秒の水量を手賀沼の浄化用水として注水し，滞留時間を現在の約15日から5日程度に短縮することであり，昭和44年には予備調査が開始，昭和49年には建設着手された（写真6.9）。そして完成は計画年度より5年ほど遅れて平成12年3月であった。

写真6.9 北千葉導水事業のパイプ埋設工事

(2) 浄化効果と課題

平成12年3月の導水路の完成に伴って手賀沼へ浄化用水が注水された日数と水量は，4月に13日間で210万m^3，5月は23日間で610万m^3，6月は17日間で430万m^3，7月は27日間で1,110万m^3であった。一方，この注水に対応して行った月2回の水質調査から浄化効果をCOD濃度でみると，降雨による相乗効果もあるが，4月は平均で$21\,mg/\ell$，5月$15\,mg/\ell$，6月$9.8\,mg/\ell$，7月には$8.9\,mg/\ell$と，確実に減少している（報道記事：千葉日報，平成12年8月16日）。

しかし，この注水が，今後，どの程度の日数と水量で行われるのかについては，確実な明言がなされていない。もし，利根川に都市用水を依存している都県市

で渇水宣言がなされたならば，浄化用水の注水は即座に中止されるのではないかという懸念がある。とするならば，その結末は，先に台風10号の影響による豪雨を手賀沼の浄化用水と見立てて述べた結果と同様なことが起こると容易に察しがつく。

いずれにしても，注水は開始されたばかりであり，実際のところ，効果云々の段階ではない。ただ，今後は，水質のみならず，生物をも対象にした綿密な調査により，先に述べた浄化用水の導水がもたらす長所・短所が明らかにされることを期待したい。特に，現在の手賀沼における15日の滞留時間が5日に短縮するという環境変化が生物に対してどのような影響を及ぼすかについては，非常に関心をそそるところである。

6.4 浚渫

6.4.1 底質の汚濁と防止対策

流域から流出したいろいろな有機物や重金属などの物質，また大量発生後に枯死分解し沈降した藻類が蓄積・堆積した底泥は，いわば水域における内部汚濁発生源であるとみなせる。実際，風浪，船舶の航行，底引き網漁業などによる底泥の巻き上がりや底泥から水中に回帰する汚濁負荷量，特に栄養塩類の底泥からの溶出による負荷は流域からの流出を凌ぐほどといわれている[1]。しかし，その溶出による負荷量は温度[70]~[72]，好気度[73]~[75]，酸化還元電位[74][76][77]，錯形成物質[78][79]などの諸条件によって大きく影響され，必ずしも明らかではない。溶出の抑制対策として考えられる手法には，大きく底泥そのものを水界外に除去し処理・処分する浚渫，底泥からの各種汚濁物質の回帰と溶出を抑制するための山土，川砂などによる覆土，そして特に，りんの溶出抑制を目的としたフライアッシュによる被覆や，硫酸バンドなどの薬剤の投入による不活性化処理がある[1][2][10]~[12]。このうち，フライアッシュによるりんの不活性化処理については，その中に含まれるアルミニウム，カルシウムなどとりんを結合させ沈殿あるいは吸着，そしてさらには水との反応によってフライアッシュがセメント

状になり底泥を被覆して溶出を抑えるという化学的な性質を利用したものである[80)81)]。しかし，その使用はpHの増加をもたらすと同時に，フライアッシュに含まれる重金属の溶出による2次汚染が懸念されている[81)]。また，山土や川砂などによる覆土は，底泥との比重の違いによって底泥層を逆転させる可能性が多分にある一方，水生植物や底生生物の生活環境への影響が避けられない。このことから，底泥の覆土および被覆による溶出抑制は，湖沼水域ではほとんど例がないといえる。

このようなことから，底質の汚濁対策，ひいては富栄養化対策の一環としての浄化技術としては，浚渫がもっとも一般的であり，実施例も多い。

6.4.2 浚渫方法とその特性

かつては海域などで航路の維持，船舶接岸の安全性，埋め立て用材の確保，また淡水域では運漕の航路確保，治水対策などの土木工事を目的にして行われてきた浚渫は，昭和40年頃から全国的に顕在化してきた水質汚濁との関連，特に「底質の処理・処分等に関する暫定指針」(昭和49年5月30日付，環水管第113号) および「底質の暫定除去基準」(通達)(環水管第119号) によって暫定除去基準値 (底質の乾燥重量当たり)(水銀：河川・湖沼について25 ppm以上，PCB：10 ppm以上) が定められてからは，汚染底質の除去方法として本格的に実施されるようになった。しかし，これらの有害物質を含む底泥の除去が全国的に終息を迎えつつある今日の状況の中で，最近は，富栄養化対策の一環として有機汚濁による底泥の除去に注目が集まり，従来の浚渫技術に幾度もの改良を重ねた新たな技法，いわゆる高濃度・薄層浚渫技術が開発されている。この新たな技術は，有機汚濁の底泥を極力薄層 (50 cm以下) で効率よく，確実に浚渫ができ，そして高含泥率 (土質によるが，見掛け容積含泥率50％以上) で送泥できるなどを目的としたものである[82)]。

図6.7は[82)]，浚渫機種を，従来のポンプ式浚渫船やグラブ浚渫船に高濃度・薄層底泥浚渫船を加えて，技術分類して示している。

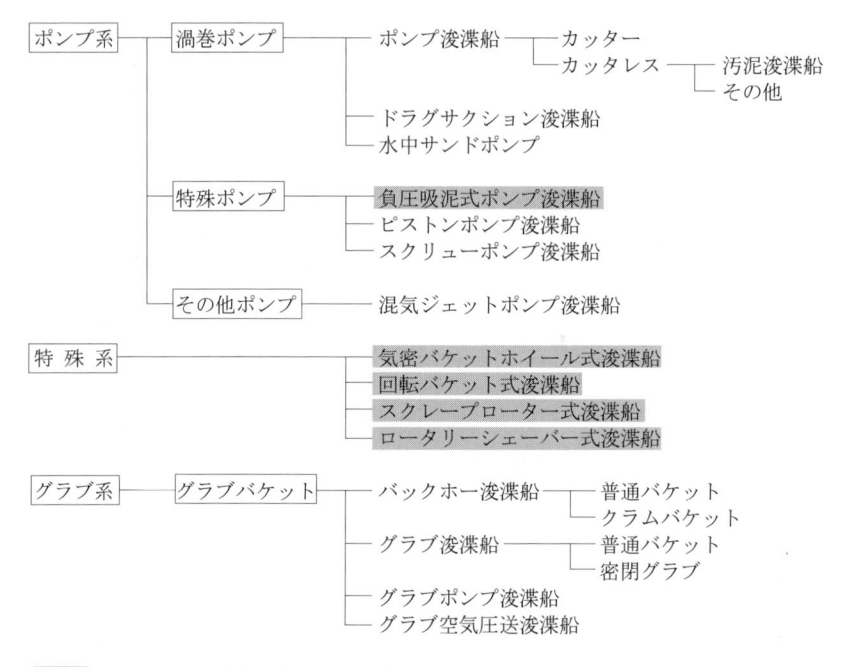

```
ポンプ系 ─┬─ 渦巻ポンプ ─┬─ ポンプ浚渫船 ─┬─ カッター
         │             │               └─ カッタレス ─┬─ 汚泥浚渫船
         │             │                              └─ その他
         │             ├─ ドラグサクション浚渫船
         │             └─ 水中サンドポンプ
         │
         ├─ 特殊ポンプ ─┬─ 負圧吸泥式ポンプ浚渫船
         │             ├─ ピストンポンプ浚渫船
         │             └─ スクリューポンプ浚渫船
         │
         └─ その他ポンプ ── 混気ジェットポンプ浚渫船

特殊系 ──┬─ 気密バケットホイール式浚渫船
         ├─ 回転バケット式浚渫船
         ├─ スクレープローター式浚渫船
         └─ ロータリーシェーパー式浚渫船

グラブ系 ─ グラブバケット ─┬─ バックホー浚渫船 ─┬─ 普通バケット
                          │                    └─ クラムバケット
                          ├─ グラブ浚渫船 ─┬─ 普通バケット
                          │               └─ 密閉グラブ
                          ├─ グラブポンプ浚渫船
                          └─ グラブ空気圧送浚渫船
```

▩：網掛けは高濃度・薄層底浚渫船を示す。

図 6.7　浚渫技法と浚渫船の種類[82]

　工法的には，大きく分けて，底泥の吸引を基本としたポンプ吸引工法と，底泥のすくい上げを基本としたグラブ掘削工法，そして底泥の吸引を基本とするが，集泥方法や浚渫土砂の排送などに工夫を凝らした特殊工法の 3 つがあるが，それぞれに長所・短所があることはいうまでもない。

　以下では，それらの概要について簡単に述べることにして，詳細は他誌等を参照願いたい[2)82)83)]。

　ポンプ式は，概して，底泥の含水率の大小にかかわらず，浚渫の層厚を調整することができ，汚濁（濁り）発生も少なく，連続して大量に底泥を浚渫し，その排泥も数キロ程度（排送の中継を設けて）は可能である。しかし，含泥率が低いため，浚渫土砂捨て場での余水処理に難があり，またその跡地利用までには土質によって長い年月を必要とする。

一方，グラブ式は，含水率の高い底泥の浚渫には不適で，しかも濁りの発生が多く，周辺水域への影響が大きい。しかし，含泥率が高いため，余水処理が容易で，浚渫土砂の利活用を含め短期間で跡地利用が可能である。

特殊式は，もともと重金属，有害物質，有機物質などを多く含有する底泥を薄層で浚渫するために開発されたもので，その用途では前2者が抱えている短所が改良されている[82)83)]。

6.4.3　浄化の原理と効果

浚渫の浄化原理は，汚濁した底泥をいろいろな浚渫機械を駆使して水界外に除去することによって汚濁物質の水中への回帰を抑制することである。

しかしながら，浚渫が浄化対策の手法として本格的に実施されている例は，河川においては枚挙にいとまがないが，湖沼では，東郷池・湖山池(鳥取県)，諏訪湖(長野県)，琵琶湖・西の湖(滋賀県)，児島湖(岡山県)，霞ケ浦(茨城県)，手賀沼(千葉県)，佐鳴湖(静岡県)，中海・宍道湖(島根県)，三方湖(福井県)など[1)84)]，決して多いとはいえない。

この理由は，浚渫した底泥の土質性状(ヘドロ)から，その有効利用と土砂捨て場の確保が年々困難となるうえに，跡地利用が非常に限られていることや，経費と年月が他の浄化事業に比べて多くかかりすぎることにある。また，一方では浚渫による水域の浄化効果について，明確に把握しきれていないこともその一因にあると思われる。たとえば，外国での例であるが，効果としては透明度の増加，窒素(有機態窒素，NH_4-N，NO_3-N)の減少とともに，*Oscillatoria*，*Anabeana*，*Mycrocystis*などのらん藻の減少などがあったとする反面[85)]，藻類の生産，NH_4-N濃度，濁度の増加などが生じて富栄養化の抑制効果がみられなかったとか[86)]，藻類の増加はみられなかったもののPO_4-P濃度の増加が生じたとする報告がある[87)]。

一方，わが国においても琵琶湖南湖盆において，浚渫跡地の底層で夏季に無酸素層水が形成され，その結果，硫化水素の発生などの水質悪化を招くとともに[88)～91)]，底生生物に悪影響を及ぼしているという報告がある[92)]。

そもそも、湖沼の底泥汚濁については、その発生源は流域にあり、湖沼内にあるのではない。このことから、流域での汚濁発生源に対して何らかの対策を講じることなく浚渫を実施したとしても、それは単なる一過性の対症療法に終わってしまい、結局は、数年のうちに元の状態に戻るのが通常である。このような事態を背後に抱きながら行う浚渫については、その後の効果云々の評価はいたって酷な部分がある。もし流域での汚濁負荷削減対策が最優先して行われ、そしてその上で浚渫の区域や、深度および面積を熟慮し浚渫が行われたとするならば、底泥が再び悪化するような事態は起こり得ないはずである。

図6.8は[93]、手賀沼の主要流入河川の一つである大津川河口および前面水域の浚渫後における底泥の窒素およびりんの含量分布を昭和62年8月の調査に基づき示している。

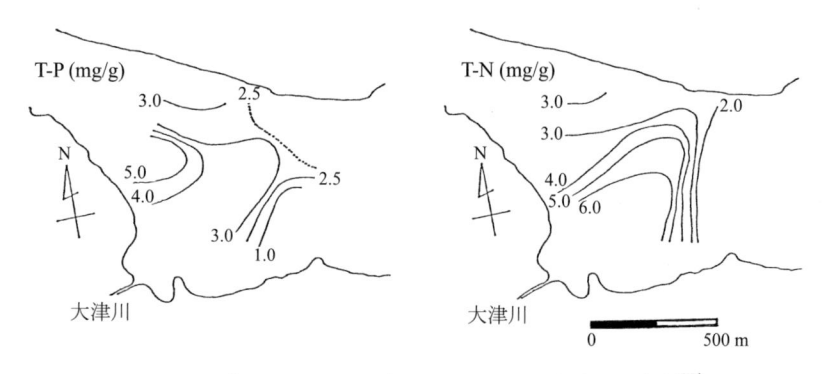

図6.8 大津川河口および前面水域における浚渫後の底質[93]

この含量分布を浚渫前の昭和55年10月に行った調査結果と比べてみると[94]、窒素は、浚渫前は河口域から前面水域にかけて $2 \sim 4 \, \text{mg/g}$ の底泥が舌状に分布していたが、浚渫後は $3 \sim 6 \, \text{mg/g}$ の舌状分布と、むしろ $1 \sim 2 \, \text{mg/g}$ 増加している。一方、りんは、浚渫前は $4 \sim 6 \, \text{mg/g}$ だったが、浚渫後は $3 \sim 4 \, \text{mg/g}$ と、$1 \sim 2 \, \text{mg/g}$ 程度減少した舌状分布を示している。この相反する結果の原因については、窒素の増加は、恐らく大津川流域の人口増加に対する下水道整備の立ち遅れと、住民の水洗化への志向があいまって、単独し尿処理浄化槽の設置増加と生活雑排

水の未処理放流が原因したものと思われる。実際,昭和55年の流域における窒素の発生負荷量をみると,538 kg/日であったが,昭和61年には582 kg/日と,約50 kg/日ほど増加している。これに対して,りんは,昭和55年の176 kg/日が昭和61年には82 kg/日と,半分以下になっている[95]。これは千葉県が昭和55年に策定した「無りん洗剤の使用推進」対策が流域住民に浸透して,その使用率が低下したためと思われる。

いずれにしても,これらの結果が示唆するところは,浚渫による汚濁底泥の除去効果は流域での汚濁発生源対策があって,はじめて功を奏するということである。

事例 手賀沼における浚渫

(1) 浚渫の計画と技法

1) 浚渫計画と進捗状況

手賀沼の浚渫事業における全体計画は,昭和52年度から平成7年度までの20年間に,手賀沼の主要流入河川である大堀川と大津川の河口およびそれら前面水域を中心に $1.07 km^2$ の面積で69万 m^3 の土砂を浚渫することであった。そしてこの計画に基づき,すでに昭和51年度から昭和56年度までは大堀川河口および前面水域で約7 m^3(浚渫面積:約9千 m^2),昭和57年度から平成元年度までは大津川の河口および前面水域で約40万 m^3(約35万 m^2),その後は平成7年度まで大堀川および大津川の前面水域で約16万 m^3 が浚渫され,当初計画の約90%の完成度をもって終了した。

平成8年度以降は,新たな計画,すなわち短期計画として平成8年度から平成12年度までの間,りんの含有量が4 mg/g以上の底泥を30万 m^3,また平成13年度から平成17年度までは,長期計画としてりんの含有量が2 mg/g以上の底泥35万 m^3 を浚渫する計画となっており,前者の短期計画では平成11年度現在で計画浚渫土量の約60%に相当する約18万 m^3 が終わっている(千葉県東葛飾土木事務所聞き取り)。

2) 浚渫技法と汚濁防止対策

　浚渫の工法としては，当初の一時期にバックホー浚渫船によるグラブ工法で行われていたが，この工法では汚染泥とみなされる黒色泥を除去しきれず，そのほとんどは水中にとり残され，水質および底質の浄化に結びつかない恐れが生じた。このため，その後は，250馬力のカッターヘッド式のポンプ浚渫船（手賀沼における水深は平均で0.8 mと浅く，当時はこれ以上の浚渫船は喫水との関係で稼働が不可能）に切り替えられ（写真6.10），その後，平成4年度まで継続して行われた。

写真6.10　カッターヘッド式ポンプ浚渫船の先端部

　しかし，このポンプ浚渫船でも，粒子の細かい底泥が巻き上げられ，そして濁りとして隣接の水域に拡散して美観を損ねたり，栄養塩類の溶出を助長したり[1)2)]，さらには魚介類（主として地場産業にもなっている佃煮材料のモツゴ）などに影響を及ぼしかねないとして[96)]，浚渫工事中は浚渫工区全体を浚渫計画水深を幾分上回る長さの汚濁防止膜で囲み，濁りの拡散防止に努め，よい結果を得ている[97)]。

　平成5年度以降は，濁りの発生が少なく高含泥率（50～80％）の浚渫が可能な回転バケット式浚渫船によって薄層浚渫（30～60 cm）が行われている。

(2) 浄化効果と問題等

1) 浄化効果

浚渫による汚濁泥の浄化は，流域での汚濁発生源対策が周到に講じられているならば，その効果は自ずと明確に現れるものである。たとえば，大津川河口および前面水域の浚渫に関連して前述したように，底泥中のりん含量は，発生源である流域の住民が有りん洗剤の使用から無りん洗剤に変えたことによって，浚渫後は確実に減少している。これに対して，窒素は流域人口の増加にもかかわらず，下水道整備などの生活排水対策が立ち遅れたことによって，むしろ逆に悪化している。もちろん，これがすべてではなく，この他に浚渫の計画と工法にも原因があったことは否めない。

手賀沼の浚渫区域における当時の水深は，全体にわたって極めて浅く，0.5～1 m にすぎなかったが，浚渫の計画水深は約 2 m（実際の水深は，余掘り浚渫を含め約 2.3～2.5 m）であった。これは，いわば沼の中に，さらに沼を作るような深さである。このため，その浚渫跡地では底層水が停滞するとともに，流入河川からのいろいろな汚濁物質の沈降が早まり，底泥への蓄積・堆積が促進される結果を招くことが考えられる。

図 6.9 は[98] 大津川河口および前面水域で浚渫後 1～5 年経過した浚渫区域と隣接の未浚渫区域における底質調査地点，そして図 6.10 は[98]，それらの地点での調査に基づき，汚濁泥とみなせる黒色泥と非汚濁泥のシルト質軟泥の堆積層の厚さと，それら底泥中の窒素およびりんの含量をそれぞれ示している。

結果は，浚渫が早く行われた工区ほど黒色泥層は厚く，また窒素およびりんの含量も多く，全体としては浚渫区域が未浚渫区域に比べ汚濁している傾向がみられる。これは，流域での汚濁発生源対策が講じられなかったことと，浚渫水深が適した計画でなかったことの 2 つに起因した結果といえる。

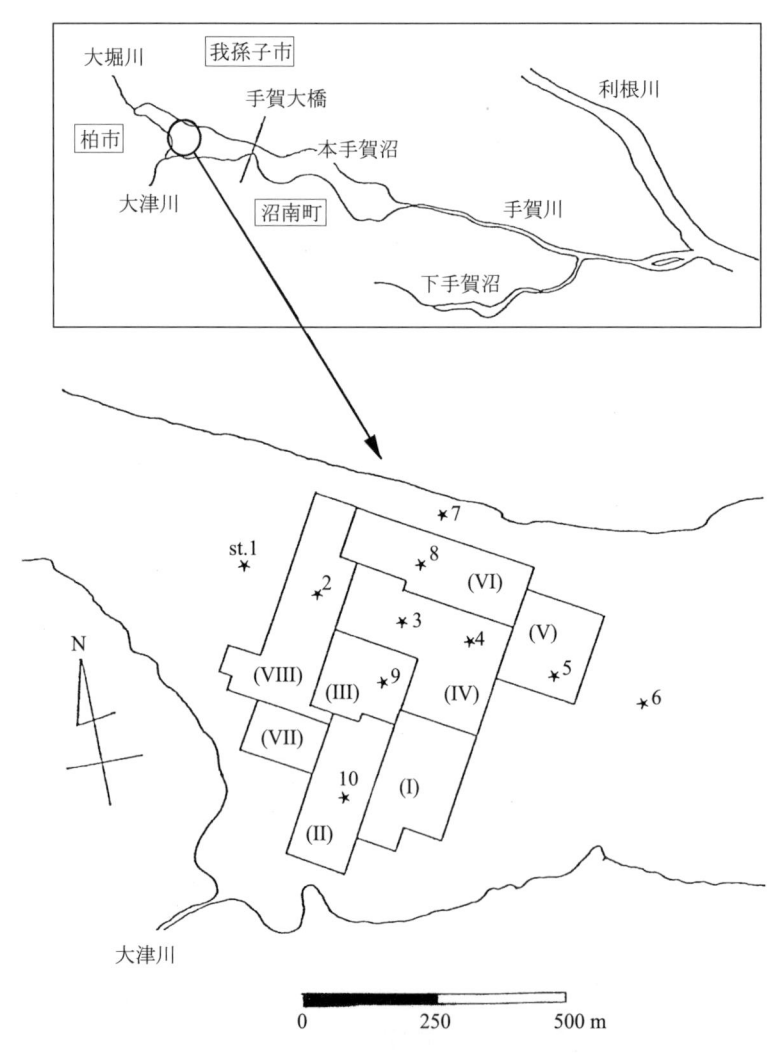

図 6.9 浚渫工区および未浚渫区域における調査地点[98]

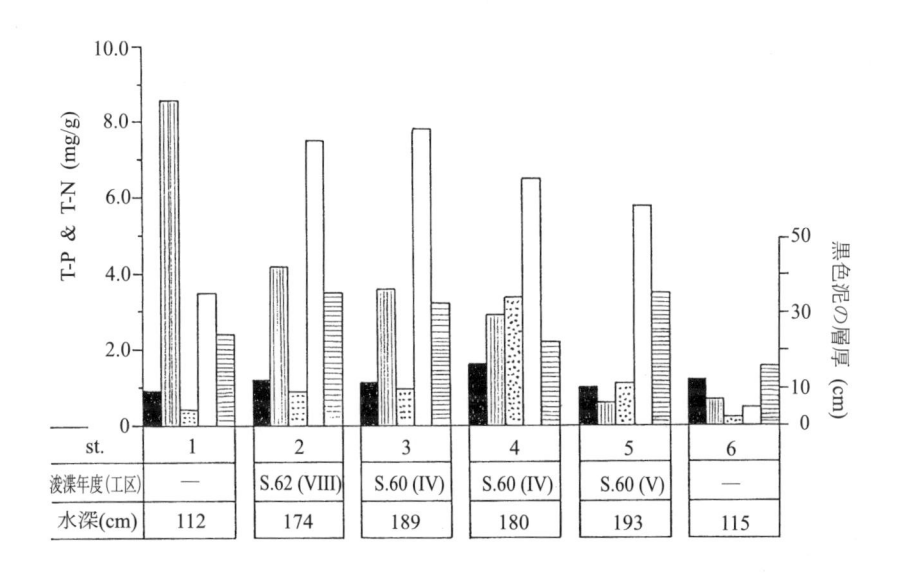

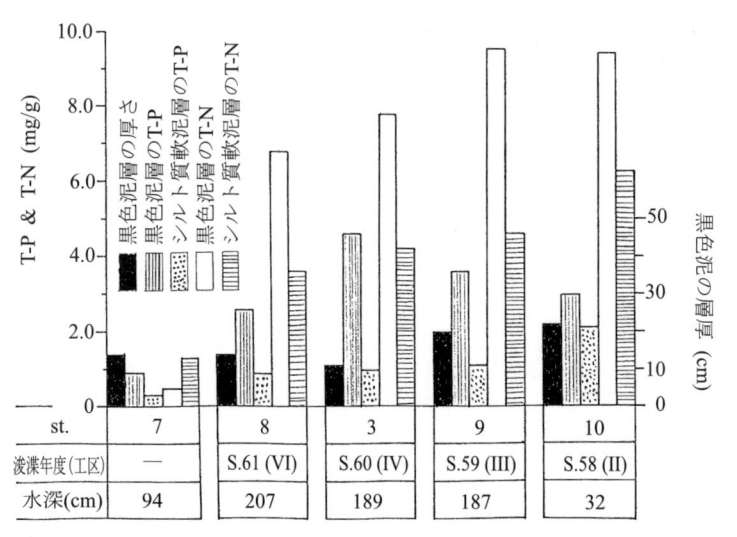

図 6.10 浚渫工区および未浚渫区域における黒色泥層厚と底泥の栄養塩類含有量[98]

ここで，浚渫深度については，流域の人々の財産や住居環境，産業活動などを洪水から守ることを目的として深堀する治水対策と，広い面積にわたって浅く浚渫するのが望ましいとする水質浄化対策とでは，立案段階でまったく異なるのである。この意味では，上述の浚渫深度は，治水対策を目的とした計画深度とみなせるが，これは結果論としての話である。むしろ問題は，事業担当者が治水対策と水質浄化対策における浚渫の違いとその持つ意義を十分に理解した上での計画かどうかである。これは，過去を問う云々ではなく，今後，公共事業を巡っては，ただ単に"物を作れば善しとしてきた土木"と"自然を守れば善しとする環境"の分野に携わる人々が同じ土俵で互いに情報を交換し，理解していかなければならないことの重要さを示唆する貴重な例である。

2) 問題と課題

浚渫計画を立案する場合，まず問題になるのは浚渫した土砂をどこで，どのように処理・処分するかという"場"の確保であり，これによって浚渫工法が決定されるようなものである。

手賀沼では，当初，谷津田（台地に挟まれた強湿田）を利用していたが，間もなく限界に達し，代替として休耕田の利用が考えられた。しかし，これについては，周辺住民が浚渫土砂による"におい"と地下水汚染に対しての不安を強く持っていること，跡地利用までに相当の時間を要し，また利用が限られていることなどの理由によって断念せざるを得なかった。実際，手賀沼での浚渫土砂は，浮泥とヘドロとシルトが混じりあったもので，その跡地利用には，少なくとも3〜5年の放置期間が必要であり，また利用には畑地がせいぜいで，この場合には消石灰やカオリンなどを加えて土壌改良（浚渫土砂は硫黄の含量によってかなり酸性を帯びる）を行う必要があった。

このようなことから，この後の浚渫土砂の処理・処分には，一度使用した土砂捨て場の堤防を嵩上げして利用したり，またセメント固化処理して，その処理土を土木工事用土質材料として再利用したりした。しかし，これも限界に達し，最近では，浚渫土砂捨て場を必要としない底泥高度脱水処理，すなわち高濃度薄層浚渫船で浚渫した底泥に凝集剤を注入し，それを高圧薄層フィルタープレスで

脱水ケーキにして，土木用材として利用している。

なお，最近は浚渫工法や泥水や浚渫土処理のための凝集薬剤や脱水システムの開発が進み（底質処理技術の専門誌「ヘドロ」に詳しい[99]），以前は問題として残ったことが，今では一応解決されたものの，事業費はその分（凝集剤の使用）だけ高くなったといえる。

6.5 ばっ気（循環）

6.5.1 溶存酸素の垂直濃度分布と特性

閉鎖性の強い水域では，通常は，年間をとおして水平的な流れは，一過性的な吹送流を除き，ほとんどみられない。しかし，垂直的には，表面水温の季節変化に応じて変化する上・下層の密度差（淡水の密度は水温のみに依存）によって対流（密度流）が生じたり，止まったりする。

春季は，気温の上昇に伴って水面の水温も高くなり，4°Cを境にして上層と下層の交換（春のTurn overと称する）が起こる。夏季は，表層の水温がさらに高まり，下層との間に大きな水温差（通常，水温躍層という言葉で表現される）を生じて成層化し，上・下層間における物質の混合や溶存酸素の拡散が途絶えてしまう。秋期は，再び水温が低下して，上・下層は，春季同様，完全に交換する（秋のTurn overと称する）。そして冬期に入り，上・下層の水温はほとんど均一になり，密度構造的にかなり安定な状態を示す。

このうち，特に夏期の水温躍層の形成は，溶存酸素の下層（躍層以深）への供給を完全に遮り，また下層では動・植物の呼吸・異化作用や底泥による消費によって酸素不足や無酸素状態となる。この結果，下層では水生および底生生物の生息が不可能になったり，富栄養化の原因となるりんが底泥から溶出したり，NH_4-Nが増加したり（この原因には，酸素が存在しないため硝化菌によるNH_4-NのNO_3-Nへの硝化作用が抑制されることと，底泥からの溶出の2つが考えられる），硫化物が生成したり，メタンガスが発生したり[100]〜[102]，また赤色や黒色の水道水着色障害をもたらす鉄（Fe）およびマンガン（Mn）の溶出を助

長することになる．しかし，無酸素水がもたらす問題は，これらの弊害に加え，水中に回帰した汚濁物質が上・下層水の交換によって水域全体にその影響を及ぼすことである．

表6.10は，千葉県房総半島の南東部に位置して，生活用水専用（上水専用）として建設された御宿ダム〔集水面積：0.62 km^2，湛水面積：0.1 km^2，有効貯水量：57.5万 m^3，平均（最大）水深：5.5 m (10.7 m)〕における水深別水温の月別変化，また表6.11は，それに対応した水深別溶存酸素濃度の変化を示している[103]．

水温躍層は，春には比較的浅いところに形成されるが，夏〜秋にかけては順次深まり，そして初冬には完全に消滅していく一連の過程がみられる．一方，溶存酸素の不連続層は（溶存酸素が急激に変化する層を指す），巨視的には水温躍層の上・下のいずれかの層に対応してみられるが，それ以深ではほとんど無酸素状態を呈しているとともに，その底層部ではT-P，PO$_4$-P，NH$_4$-N，T-FeおよびT-Mnの高濃度水，そしてNO$_3$-Nは逆に低濃度水の形成が確認されている[103]．このような現象は，また千葉県の房総半島中央部を南北に貫流する2級河川の養老川に建設された多目的ダムで典型的な富栄養湖である高滝ダム湖〔集水面積：107.1 km^2，湛水面積：1.99 km^2，有効貯水量：1,200万 m^3，平均（最大）水深：5.8 m (13.3 m)〕においても同様にみられる[104]〜[106]．これは，いわば全国各地の水道専用貯水池（平均水深はほとんど10 m以下）に共通してみられる一般的な特徴ともいえる．

しかし，この一般的な特徴とは別に，底層の酸素不足や低酸素は，必ずしも水温の季節変化に伴って生じる水温躍層が引き金となるわけではない．水深が極めて浅く，有機汚濁（富栄養化）が進んだ，いわゆる内部生産（藻類の増殖）が極めて高い湖沼においても，十分に起こり得ることである．

表6.10 御宿ダムにおける水深別水温の経月変化[103]

調査日 水深(m)	H10年 7.14	8.17	9.17	10.21	11.17	12.17	H11年 1.20	2.15	3.16	4.12	4.26	5.10	5.24	6.14	6.28	7.19
0.0	24.0	29.5	25.0	21.8	16.9	10.4	7.2	6.2	12.4	14.1	17.6	21.1	22.6	26.0	23.6	26.0
0.5	23.9	29.6	25.0	21.9	16.8	10.3	6.8	6.1	12.3	13.4	16.6	21.0	22.6	25.7	23.6	26.1
1.0	24.1	29.5	25.0	21.9	16.8	10.2	6.2	6.1	12.3	13.4	16.0	21.0	22.6	25.4	23.6	26.1
1.5	24.0	29.4	24.9	21.9	16.7	10.2	6.1	6.1	12.0	13.3	15.0	19.0	22.5	25.4	23.6	25.0
2.0	24.2	28.7	24.8	21.9	16.6	10.2	6.0	6.1	11.5	13.1	14.6	17.5	21.7	23.0	23.2	23.5
2.5	23.6	26.9	24.8	22.0	16.4	10.2	6.0	6.1	11.1	13.0	14.3	16.5	20.8	20.7	22.9	22.3
3.0	21.1	25.9	24.6	22.0	16.3	10.2	6.0	6.1	10.4	12.9	14.1	15.8	20.0	17.9	22.5	21.8
3.5	19.3	25.1	24.3	22.0	16.1	10.2	5.8	6.1	9.1	12.8	14.0	15.2	18.5	15.4	20.3	21.5
4.0	18.6	23.4	24.0	21.9	16.0	10.1	5.8	6.1	9.0	12.7	13.7	14.7	16.9	13.8	19.0	21.3
4.5	17.8	20.1	23.5	21.9	15.9	10.1	5.7	6.1	8.8	12.3	13.1	13.6	15.8	12.2	16.0	21.1
5.0	16.7	17.2	21.3	21.9	15.9	10.1	5.7	6.1	8.3	11.6	11.8	12.2	14.3	11.7	13.2	21.0
5.5	14.5	15.4	17.7	21.6	15.8	10.1	5.6			10.5	11.0	11.5	13.1	11.2	12.1	20.5
6.0	13.0	13.8	15.6	21.1	15.8	10.1	5.6			10.0	10.4	11.0	12.2	10.6	11.4	19.8
6.5	12.0	12.7	14.1	19.8	15.8	10.1				9.8	10.2	10.5	11.5	10.3	10.8	18.0
7.0	11.3	11.8	12.9	17.9	15.7	10.1				9.7	10.0	10.2	10.9	9.9	10.5	15.3
7.5	10.5	11.3	12.3	15.3	15.4	10.0				9.7	9.7	9.9	10.5	9.7	10.4	13.6
8.0	10.2	11.1	11.6	14.1	14.8	10.0				9.4	9.5	9.6	10.1	9.6	11.1	12.4
8.5	9.9	10.5	11.3	13.3	13.4					9.2	9.2	9.4	9.9	9.4	10.4	11.8
9.0	9.6			12.2						9.0	9.0	9.0	9.6		9.9	11.0
9.5										8.7	8.8	8.9	9.5			10.6
10.0																10.4

[凡例]
単位：℃
□：水温躍層

表6.11 御宿ダムにおける水深別DO濃度の経月変化[103]

調査日 水深(m)	H10年 7.14	8.17	9.17	10.21	11.17	12.17	H11年 1.20	2.15	3.16	4.12	4.26	5.10	5.24	6.14	6.28	7.19
0.0	6.0	7.8	7.6	6.5	8.6	9.2	11.4	8.8	8.7	9.9	9.3	11.2	5.3	6.1	4.8	6.7
0.5	6.2	7.7	7.2	6.3	8.5	9.2	11.3	8.4	10.0	10.4	9.6	15.4	5.5	6.0	4.6	7.1
1.0	7.3	7.5	7.2	6.4	8.2	9.3	11.3	7.9	8.7	9.9	8.7	15.0	5.9	5.7	4.7	6.7
1.5	7.1	7.9	7.2	5.8	8.4	9.1	11.1	7.6	9.0	11.7	9.8	10.6	5.2	5.8	4.4	5.5
2.0	8.0	7.6	7.3	6.2	7.7	9.4	11.0	7.4	9.3	11.7	8.9	9.6	5.2	3.4	3.5	8.9
2.5	12.3	6.8	6.5	6.3	8.0	9.8	10.5	7.1	10.7	11.9	9.4	8.8	4.9	3.0	2.4	4.5
3.0	11.7	7.1	6.2	6.4	7.9	9.9	10.6	7.0	9.1	12.0	9.2	7.9	3.2	3.0	2.7	5.2
3.5	7.3	3.0	5.9	6.5	7.7	10.1	10.2	6.9	10.4	11.6	9.0	8.4	2.3	N.D.	0.7	4.6
4.0	3.1	N.D.	3.0	6.3	7.8	10.0	10.4	6.8	9.5	11.8	8.7	9.0	2.1	N.D.	N.D.	4.2
4.5	1.5	N.D.	4.3	6.3	6.9	9.7	9.6	6.5	8.2	11.5	8.8	7.8	2.2	N.D.	N.D.	4.7
5.0	N.D.	N.D.	N.D.	6.6	7.4	10.0	9.6	6.7	6.7	11.7	8.4	7.9	1.8	N.D.	N.D.	4.4
5.5	N.D.	N.D.	N.D.	7.9	7.1	10.0	9.6	6.5		11.5	7.3	7.3	1.8	N.D.	N.D.	3.3
6.0	N.D.	N.D.	N.D.	6.3	6.9	9.8	8.8			10.3	7.0	6.8	1.3	N.D.	N.D.	0.9
6.5	N.D.	N.D.	N.D.	N.D.	7.8	9.2				9.7	6.7	6.5	1.2	N.D.	N.D.	N.D.
7.0	N.D.	N.D.	N.D.	N.D.	7.0	8.4				8.8	5.8	5.8	1.1	N.D.	N.D.	N.D.
7.5	N.D.	N.D.	N.D.	N.D.	7.0	9.2				8.5	5.2	5.6	0.5	N.D.	N.D.	N.D.
8.0	N.D.	N.D.	N.D.	N.D.	N.D.	8.6				7.9	4.6	4.6	N.D.	N.D.	N.D.	N.D.
8.5	N.D.	N.D.	N.D.	N.D.						6.9	3.1	3.1	N.D.	N.D.	N.D.	N.D.
9.0	N.D.	N.D.	N.D.	N.D.						5.4	2.5	2.5				
9.5	N.D.									4.4	2.0	2.1				
10.0																

[凡例] 単位: mg/ℓ N.D.: 0.5mg/ℓ以下 ▨ 水温躍層 □ DOの不連続層 ▦ 無酸素層

[6] 湖沼の浄化技術と事例　93

　図6.11は[107]，その例として，手賀沼で昭和59年8月10日午前10時～11日午前10時の一昼夜において4時間間隔で行った調査に基づく溶存酸素の垂直濃度分布変化を示している。

　結果は，0.75m以浅の表層では昼間時の酸素濃度が藻類の光合成によって飽和あるいは過飽和を示しているが，それ以深では時刻によって濃度に違いがみられるものの全体的に低濃度で，ほとんど均一に分布している。一方，夜間時は藻類の異化作用などによって時間とともに溶存酸素が表層から底層までかなりの低濃度で一様に分布している。

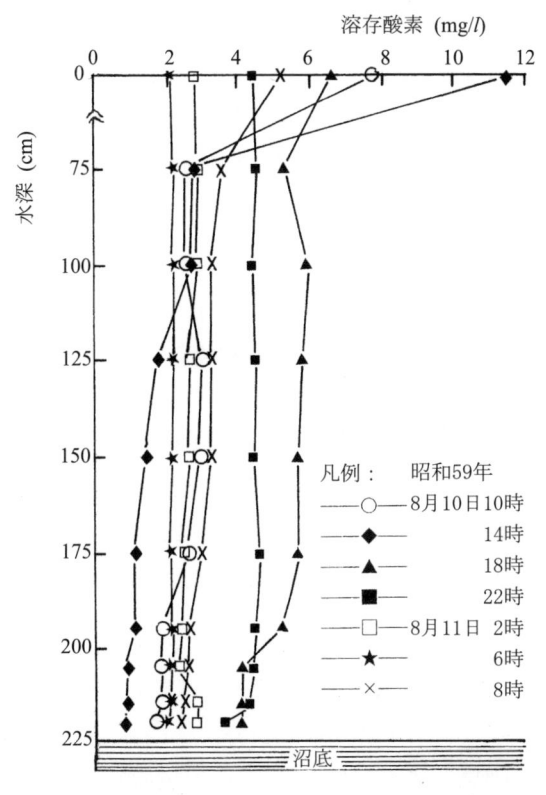

図6.11　手賀沼における溶存酸素の鉛直分布の経時変化[107]

6.5.2 浄化の原理とばっ気(循環)の方法

　ばっ気による水域浄化の原理は,ばっ気の方法によって意味あいが多少異なってくるが,基本的には酸素不足の底層水に酸素を供給,あるいは成層(水温躍層)を強制的に破壊することによって上・下層水を循環*,そして底層の溶存酸素の濃度を高め,底泥からのいろいろな汚濁物質の回帰を抑制することである。

　ばっ気の方法としては,その目的および機能から,大別して[1)108)]以下の3つがある。

1. 水温躍層を破壊して湖水全体を循環させる全層ばっ気循環法:水温躍層が顕著に形成され,そしてその下層は無光層で,かつ無酸素状態を呈し,底泥からの汚濁物質(主としてりん)の回帰が大きく,比較的水深のある湖沼に適している。この方法の最大の利点は藻類を無光層に移送し増殖を抑制することと,その利水上における防臭(硫化水素,メタンガスなど)にある[1)10)~12)]。

2. 水温躍層(成層)を破壊せず下層の無酸素水のみをばっ気する深層ばっ気法:ばっ気方法からして,特徴としては底泥からのりん,マンガン,鉄などの溶出抑制や,底泥堆積物の還元作用による硫化物の生成およびメタンガスの発生を抑えるなど水道障害対策に効力を発揮する。なお,この方法の適用には,無酸素水層が湖沼水に比べ容量が小さいことと,ある程度の深さと容量が必要である[1)10)~12)]。

3. 下層および上層の個々で,ばっ気と循環を同時に行う2層分離ばっ気循環法:上述の2つの方法の利点を同時に実現するために実施される[1)]。

　いずれにしても,湖沼における浄化技術としてのばっ気(循環)は,富栄養化を促進する底泥からのりんの溶出抑制,ひいては富栄養化によってもたらされる2次的な影響による障害,たとえば

---

*循環:ここでいう循環は,ばっ気に伴って生じる副次的な流れ,すなわち気泡の上昇にともなう下層水の連行加入によって生じる上昇水流を意味している。ただ単に,水流(循環)のみを人工的に起こすには,ジェット式,ポンプ式,プロペラ式の機械的な混合方法があるが,ばっ気にともなう循環とは目的が本質的に異なる。

- 飲料水かび臭の原因物質として知られているジェオスミン，2-メチルイソボルネオールの発生に関係するけい藻の *Synedra* (ナガケイソウ)，らん藻の *Anabena* (ニセネンジュモ)，*Phormidium* (サヤユレモ)，*Oscillatoria* (ユレモ) などの発生
- 底泥から溶出した鉄，マンガンを含む底層の無酸素水を取水して浄水し，配水後に赤色，黒色を招く水道水障害
- 浄水場でのろ過池閉塞や凝集阻害
- 水産流通経済上では，わかさぎ，ますのような高級魚種に代わって価格の安いふな，こいなどの魚種の増加
- 窒素過多による水稲の倒伏など生育障害

など[109)110)]の抑制や対策に有効な手段といえる。

最後に，ばっ気（循環）の具体的な工法と種類，実施事例，そのもたらす効果や詳細については数多く報告されているので，それらを参考にしてほしい[1)2)5)6)8)10)～12)108)111)～115)]。

6.6　接触酸化

いろいろな接触ろ材を用いた接触酸化による浄化は，分離方式によって池や小湖沼を対象に水の一部をポンプで揚水して行った例が2, 3ある[3)116)]。たとえば，最近，木炭を充填したカートリッジ式の浄化装置を湖沼底部に設置したり，フロートなどを用いて水面に浮かばせたり，また陸上部に設置したりすることができる方式の浄化技術が開発された報告がある[117)]。しかし，その浄化の原理は設置方式とは関係なく，本質的には次章で解説する木炭そのものの持つ浄化原理，すなわち吸着と木炭の外表面に着床した微生物の生物膜による有機物の分解無機化にすぎない。そしてこれは，あくまでも湖沼水を処理対象水として利用したものであり，現実的には，湖沼の浄化技術としての実用化には，まだ時間が必要と思われる。もちろん，この技術による湖沼の浄化が不可能というわ

けではない。ただ，現在においては，その適応性，建設および維持管理などの諸経費の面からみて，難があるということである。

なお，接触酸化の浄化原理や工法の種類については，第8章で排水路の浄化技術との関連において詳述する。

【文献】

1) 須藤隆一・桜井敏朗・森 忠洋・岡田光正(編)：富栄養化対策総合資料集(地域特性に対応した施策・技術と実例), サイエンスフォーラム, 538pp., 東京 (1983)
2) 環境庁水質保全局：底質汚濁改善対策調査—淡水編— (昭和57年度環境庁委託業務結果報告書), 215pp., 昭和58年3月
3) 永松啓至・岩崎 要・毎田正雄・麻生昌則：自然流下型接触酸化による池の浄化システム, 用水と廃水, 26(5), 496–503 (1984)
4) 稲森悠平・竹下俊二・須藤隆一：湖沼水質保全対策の技術諸法と今後の方向性, 公害と対策, 23(9), 848–856 (1987)
5) 小島貞男：富栄養化対策としての湖水人工循環法—その原理と実績—, 日本水処理生物学会, 24(1), 9–23 (1988)
6) 上野 武：最近の水域浄化技術の概要, 用水と廃水, 32(9), 767–773 (1990)
7) 廣木謙三：水質浄化手法の概要について, 「ヘドロ」, No.53, 15–21 (1992)
8) 丹羽 薫：ダム貯水池の水質保全対策, 「ヘドロ」, No.53, 8–14 (1992)
9) 工業技術会編：河川・湖沼・水辺の水質浄化, 生態系保全と景観設計, 研修社・工業技術会, 436pp., 東京 (1993)
10) 湖水域の総合浄化研究会編：湖沼・河川の環境保全技術と総合浄化システム, シーエムシー, 219pp., (1993)
11) 建設省：湖沼水質改善技術適用マニュアル(案), 土木研究センター, 310pp.
12) 建設省土木研究所：河川, 湖沼, ダム貯水池等の浄化手法についての総合的検討, 土木研究所彙報, No.66, 230pp., (1998)
13) 薗田顕彦：湖沼の浄化技術について, 「はかる」, 日本計量機器工業連合会, 15(4), 6–13 (1999)
14) 生嶋 功：水界植物群落の物質生産 1 —水生植物—, 共立出版, 98+4pp., 東京 (1973)
15) 大滝末男：水草の観察と研究, ニュー・サイエンス社, 139pp., 東京 (1980)
16) 桜井善雄：水辺の緑化による水質浄化, 公害と対策 (臨時増刊), 24(9), 899–909 (1988)
17) 徳永隆司：水生植物の水質汚濁防止への利用, 用水と廃水, 23(2), 127–135 (1981)

18) 茅野秀則・西原 潔・中久喜康秀：バイオフィルター・システムについて—水生植物による水域浄化システム—,「PPM」, 10(8), 2–9 (1979)

19) 保田茂次郎：ホテイアオイによる排水処理, 水処理技術, 23(7), 565–569 (1982)

20) 喜納政修・安里辰雄・田仲康彦・高良保英：ホテイアオイ池による有機廃水処理実験—スキムミルクを使用した場合—, 下水道協会誌, 13(146), 37–44 (1976/7)

21) 佐藤和郎・南山端彦・諏訪 守：水生植物を利用した処理水質の改善に関する調査, 建設省土木研究所資料, 第2787号, 171–178 (1989)

22) 酒井英市：ホテイアオイによる豚ふん尿汚水の浄化処理, 畜産の研究, 27(4), 45–50 (1978)

23) 喜納政修・屋良朝徳・呉屋 朗・赤嶺文夫：ホテイアオイを用いた廃水処理, 水処理技術, 28(8), 485–498 (1987)

24) 沖 陽子・中川恭二郎：自然水域におけるホテイアオイ個体群の生長と群落構造の解析, 文部省「環境科学」特別研究報告集, B-112, 115–140 (1981)

25) 沖 陽子・青山 勲：自然水域におけるホテイアオイによる N, P の除去能, 国立公害研究所調査報告, 第21号, 44–54 (1982)

26) 青山 勲：水生植物を利用した水質改善, 用水と廃水, 24(1), 87–94 (1982)

27) 野口信行：岡山県における生活雑排水対策の1事例—ホテイアオイによる水質浄化実験—, 公害と対策 (臨時増刊), 20(5), 66–71 (1982)

28) 井上 抂：水生植物による水域浄化システム—安土町の自然浄化作用促進事業—, 公害と対策 (臨時増刊), 20(5), 106–111 (1982)

29) 奥田惟精・佐藤正春・中川和義・稲生義彦：ホテイアオイによる栄養塩吸収—手賀沼における植栽実験から—, 公害と対策, 19(1), 77–83 (1983)

30) 椛田聖考・岡本智伸：水生植物および微細藻類による水質浄化とそのバイオマス利用, 用水と廃水, 38(6), 465–470 (1996)

31) 竺 文彦・勝矢淳雄：ホテイアオイ〔*Eichhornia crassipes* (Mart.) Solms〕を用いた廃水処理について (1), 環境技術, 11(3), 215–221 (1982)

32) 竺 文彦・勝矢淳雄：ホテイアオイ〔*Eichhornia crassipes* (Mart.) Solms〕を用いた廃水処理について (2), 環境技術, 11(4), 287–292 (1982)

33) 後藤 武・入江敏彦：植物における重金属の動態 (1) —水生植物による重金属の取り込み—, 日本陸水学会誌, 50(4), 321–331 (1989)

34) 本橋敬之助：ホテイアオイ植栽圃場における水質変化の経時変化—手賀沼を例にして—, 水処理技術, 33(4), 185–192 (1992)

35) 大滝末雄・石戸 忠：日本水生植物図鑑, 北隆館, 318pp., 東京 (1980)

36) 石井 猛：ホテイアオイ利用・研究の道程—水質浄化からホテイアオイ焼酎の開発まで—, 月刊「水」, 31(7), No.432, 27–40 (1989)

37) 沖 陽子：水生雑草雑話, 月刊「水」, 32(15), No.455, 26–34 (1990)
38) 新田茂人：手賀沼のホテイアオイによる水質浄化—その残渣と土づくりに活用—, ホテイアオイ研究会, News letter, 16, 5–6 (1990)
39) 本橋敬之助・笠原 豊：ホテイアオイの植栽と水質—手賀沼を例にして—, 水処理技術, 32(5), 265–270 (1991)
40) 鈴木 尚・本橋敬之助：植栽・回収したホテイアオイの重金属含量—手賀沼を例にして—, 千葉県水質保全研究所年報 (平成元年度), 169–171 (1991)
41) 千葉県：農林公害ハンドブック (改訂版), 336pp., 平成3年3月
42) 印旛沼環境基金：印旛沼白書 (昭和59年版), 125pp., 昭和60年7月
43) 笠井貞雄：印旛沼の大型水生植物の分布 (昭和59年調査), 佐倉市広報, 昭和60年1月1日号
44) 印旛沼環境基金：印旛沼白書 (昭和60年版), 215pp., 昭和61年7月
45) 千葉県環境部水質保全課：印旛沼・手賀沼におけるプランクトン等実態調査報告書, 昭和57年3月
46) 土屋 清・石山 隆・吉村登雄：リモートセンシング手法を用いた環境調査, 千葉大学廃棄物処理施設報, 6(9), 17–25 (1987)
47) 千葉県環境部水質保全課：印旛沼におけるヒシ採取に伴う水質等影響調査 (未発表)
48) 印旛沼環境基金：印旛沼白書 (昭和62年版), 169pp., 昭和63年7月
49) 本橋敬之助：閉鎖性水域環境と浄化—水質ワースト1「手賀沼」をケース・スタディとして—, 公害対策同友会, 168pp., 東京 (1992)
50) 小林節子：印旛沼の生態系の変遷—印旛沼の開発と汚濁—, 千葉県水質保全研究所, 水保研資料, No.19, 62pp., 昭和54年
51) 印旛沼環境基金：印旛沼白書 (平成元年)〜印旛沼白書 (平成7年版), 昭和元年7月〜平成7年7月
52) 小久保清治：海洋・湖沼プランクトン実験法, 恒星社厚生閣, 233pp., 東京 (1965)
53) 福島 博：淡水植物プランクトン, ニュー・サイエンス社, 114pp., 東京 (1980)
54) 矢野 洋：水環境指標としての藻類, 月刊「浄化槽」, No.224, 30–37 (1994)
55) 小林節子・平間幸雄：手賀沼の最近の水質変化について, (2) 植物プランクトンの発生の特徴, 千葉県水質保全研究所年報 (平成9年度), 73–81 (1998)
56) 千葉県環境部：平成9年度公共用水域水質測定結果及び地下水の水質測定結果, 571pp., 平成10年12月
57) 関東農政局計画部資源課：ファームポンド浄化対策調査「北総東部地区」総合報告書, 92+2pp., 平成4年10月

58) 中井智司・下ヶ橋雅樹・細見正明・岡田光正・村上明彦：大型水生植物を用いた植物プランクトンの増殖抑制, 水環境学会誌, 17(1), 33-39 (1994)
59) 坂本 充：生態遷移 II (生態学講座 11-b), 共立出版, 236+6pp., 東京 (1976)
60) 宝月欣二・西岡良治・菅原久枝：植物プランクトンと大型水生植物との拮抗的関係について, 陸水学雑誌, 21, 124-130 (1960)
61) 生島 功 (編)：水の華の発生機構とその制御, 東海大学出版会, 9-27 (1987)
62) 本橋敬之助：水質汚濁とその対策 (続) —水質直接浄化の実状と課題—, 月刊「水」, 35(13), No.498, 16-28 (1993)
63) 本橋敬之助：水質浄化の現状と課題 (3) —アオコ回収と効果の問題点—, 「PPM」, 24(1), 60-65 (1993)
64) 吉月善彌：底泥およびアオコの回収・脱水ならびに再資源化, 用水と廃水, 28(8), 806-824 (1986)
67) 小笠原 保：霞ケ浦におけるアオコの処理と資源化, 資源環境対策, 28(15), 1439-1445 (1994)
66) 千葉県環境部：昭和 61 年度・公共用水域水質測定結果, 昭和 62 年 12 月
67) 小川カホル：手賀沼の植物プランクトン, 1.水平分布, 千葉県水質保全研究所年報 (昭和 61 年度), 129-135 (1987)
68) 千葉県農業化学検査所：ホテイアオイとアオコの肥料成分およびその利用, 千葉県農業化学検査所, 資料 5 号, 25pp., 昭和 61 年
69) 本橋敬之助：雨台風 (台風 10 号) がもたらした手賀沼の水質とその変化, 水処理技術, 27(11), 771-774 (1986)
70) Kamp-Nielsen, L.: Seasonal variation in sedimental-water exchange of nutrients in lake Erom. *Verh. Internat. Verein Limnol.* (Ger)., 19, 1057-1063 (1975)
71) 本橋敬之助・平間幸雄：底泥からのりんの溶出に関する 2, 3 の知見, 環境技術, 12(3), 158-162 (1983)
72) 本橋敬之助・宇野健一・廣瀬一人：富栄養湖および貧〜中栄養湖における無酸素水と水質の日変化—千葉県の高滝ダムと御宿ダムを例にして—, 水処理技術, 40(12), 583-591 (1999)
73) Fillos, J. and W. Swanson: The release rate of nutrients from river and lake sediment. *J.W.P.C.F.*, 47(5), 1032-1042 (1975)
74) 長谷川 清：河川および湖沼の底泥からの栄養塩類の溶出, 建設省土木研究所資料, No.1165, 64pp., 建設省土木研究所下水道部, 昭和 51 年 10 月
75) 本橋敬之助：底泥からのりんの溶出と溶存酸素, 水質汚濁研究, 9(1), 45-48 (1986)
76) Shapiro, J., V.L. Gilbert and Z.G. Humberto: Anoxically induced release of phosphate in waste-water treatment. *J.W.P.C.F.*, 39(11), 1810-1818 (1967)

77) Mortimer, C.H.: Chemical exchange between sediments and water in Great Lake-Speculations on probably regulatory mechanisms. *Limnol. Oceanogr.*, 16(2), 387-404 (1971)

78) 小山忠四郎：湖沼堆積物の物質変化の機構に関する生物化学的考察, 水処理技術, 16(1), 19-39 (1975)

79) 小林節子・西村 肇：好気下における底泥からのりんの溶出に及ぼす錯形成物質の影響, 水質汚濁研究, 11(11), 693-703 (1988)

80) Theis, T.L. and P.J. McCabe: Retardation of sediment phosphorus release by fly ash application. *J.W.P.C.F.*, 50(12), 2666-2676 (1978)

81) Cooke, G.D.: Covering bottom sediments as a lake restoration technique. *Water Res. Bull.*, 16(5), 921-926 (1980)

82) 中村正春：最新の底泥浚渫船と浚渫土利用の実態,「ヘドロ」, No.62, 25-37 (1995)

83) 中村正春：薄層浚渫に関する調査研究 (1),「ヘドロ」, No.70, 25-38 (1970)

84) 底質浄化協会：「ヘドロ」, No.57 (1993), No.59 (1994), No.63 (1995), No.66 (1996), No.69 (1997), No.72 (1998), No.75 (1999), No.78 (2000)

85) Gelin, C. and W. Ripl: Nutrients decrease and response of various phytoplankton size fractions following the restoration of Lake Trummen, Sweden. *Arch. Hydrobiol.*, 81(3), 339-367 (1978)

86) Dunst, R.C.: Dredging activities in Wisconsin's lake renewal problem. In: Restoration of Lakes and Island Waters. International Symposium on Inland Waters and Lake Restoration. September 8-12, 1980, Portland, Maine. EPA-440/5-81-010, 86-88 (1981)

87) Peterson, S.A.: Lake restoration by sediment removal. *Wat. Res. Bull.*, 18(3), 423-435 (1982)

88) 大野達雄・吉川和英・前河孝志・野村 潔・松本 孝・伊藤 貢・若林徹哉・松井由廣・中村敏博・一瀬 論・水島精嗣：矢橋沖の埋立地周辺における水質について (第1報), 滋賀県立衛生環境センター所報, 第14集, 123-130 (1978)

89) 大野達雄・吉川和英・前河孝志・野村 潔・松本 孝・伊藤 貢・若林徹哉・中村敏博・一瀬 論・水島精嗣・市木繁和：矢橋沖の埋立地周辺における水質について (第2報), 滋賀県立衛生環境センター所報, 第15集, 127-131 (1980)

90) 市木繁和・野村 潔・田中勝美・水島清博・前川 明：琵琶湖内浚渫跡地の水質について, 滋賀県立衛生環境センター所報, 第18集, 125-128 (1983)

91) 川島宗継・板坂 修・原 博一・杉田陸海・堀 太郎：栄養塩類の底泥からの再溶出とマンガン, 鉄の酸化還元サイクル,「びわ湖の汚濁機構に関する総合的研究」研究成果報告書 (立川政久編), 3-19 (1984)

92) 川島 彰・上田考明：琵琶湖南湖盆の浚渫が水および底生生物に及ぼす影響, 日本陸水学会誌, 43(2), 81-87 (1982)

93) 本橋敬之助：浚渫に伴う底質変化—手賀沼を例にして—, 水処理技術, 30(4), 211-215 (1989)

94) 千葉県水質保全研究所：手賀沼の底質—汚染泥の堆積と性状—, 水保研資料, No.39, 49pp., (1984)

95) 藤本千鶴：印旛沼・手賀沼流入河川の汚濁負荷量に関する調査研究 (1) —大津川の水質改善にみられる流域下水道およびりん洗剤対策の浄化効果—, 千葉県水質保全研究所年報 (昭和61年度), 115-122 (1987)

96) 本橋敬之助：海の濁りと生物—特に浚渫, 埋め立てとの関連において—, 水処理技術, 20(8), 717-732 (1979)

97) 本橋敬之助・笠原 豊：浚渫工事に伴う水質変化—手賀沼を例にして—, 千葉県水質保全研究所年報 (昭和63年度), 143-146 (1986)

98) 本橋敬之助・笠原 豊：浚渫跡地における底泥の堆積と底質—手賀沼を例にして—, 水処理技術, 30(8), 477-481 (1989)

99) 底質浄化協会：「ヘドロ」, No.59 (1994), No.61 (1994), No.67 (1996), No.69 (1997), No.71 (1998), No.78 (2000)

100) 小山忠四郎：湖沼堆積物の物質変化の機構に関する生物地球化学的考察, 水処理技術, 16(1), 19-39 (1975)

101) 小山忠四郎：湖沼における浄化作用 (1), 用水と廃水, 18(3), 278-286 (1976)

102) 小山忠四郎：湖沼における浄化作用 (2), 用水と廃水, 18(4), 455-465 (1976)

103) 広瀬一人・本橋敬之助・宇野健一：貧〜中栄養湖における無酸素層の消長と水質特性—千葉県の御宿ダムを例にして—, 水処理技術, 41(4), 155-163 (2000)

104) 田中秀弥・本橋敬之助：水深の浅い水源貯水池の水質特性と貧酸素水—千葉県の高滝ダム貯水池を例にして—, 水処理技術, 36(9), 465-475 (1995)

105) 田中秀弥・本橋敬之助：水深の浅い水源貯水池の水質特性と貧酸素水 (2) —千葉県の高滝ダム貯水池を例にして—, 水処理技術, 37(6), 279-289 (1996)

106) 田中秀弥・本橋敬之助：ダム貯水池の旧河川部における水質特性—千葉県の高滝ダム貯水池を例にして—, 水処理技術, 38(2), 71-77 (1997)

107) 本橋敬之助・中山純一：水深が極めて浅い沼における低酸素濃度層について—手賀沼を例にして—, 水質汚濁研究, 8(4), 249-253 (1985)

108) 小島貞雄：富栄養化対策としての湖水強制循環法, 産業公害, 18(9), 814-821 (1982)

109) 産業環境管理協会：五訂・公害防止の技術と法規 (水質編), 688pp., 東京 (1999)

110) 都市経済研究所：都市用水源貯水池の水質管理手法確立に関する調査研究—その1—, 198pp., 平成元年9月

111) 小島貞雄：湖水強制循環による富栄養化対策, 水質汚濁研究, 5(5), 251-257 (1982)
112) 小島貞雄：富栄養化対策としての湖水人工循環法, 日本水処理生物学会誌, 24(1), 1-19 (1984)
113) 小島貞雄：かび臭対策としての湖水人工循環法の経験, 用水と廃水, 26(8), 837-844 (1984)
114) 山崎博光：貯水池の人工循環による水導水の味改善―三永貯水池の水質改善について―, 用水と廃水, 27(8), 773-779 (1985)
115) 高崎みつる：湖沼の曝気による直接浄化, 用水と廃水, 32(8), 668-675 (1990)
116) 麻生昌則・永松啓至・岩碕 要・毎田正雄：自然流下型接触酸化による排水処理システムについて, 季刊「環境研究」, No.45, 12-27 (1983)
117) 安倍賢策・柘植和夫・荒木治彦：木炭による湖沼浄化システムの開発, 用水と廃水, 40(12), 1076-1084 (1998)

第7章

河川の浄化技術と事例

　かつて日本では河川管理といえば，人命や財産を守る治水と，大量の水を必要とする農業用水の確保（約300ヘクタールの水田を潅漑するのに20～30万人を賄える都市用水が必要[1]），いわゆる治水機能と利水機能の増進が中心であった。

　しかし，昭和40年頃から河川の流域では急速な都市化と工業化によって，自然の消滅や，水質悪化などで著しく急激な変貌を強いられ，河川およびその水辺に対して，流域の住民のみならず，国民全体が大きな関心を寄せるようになり，自ずとそのとらえ方も多岐にわたっている。そして望ましい水辺環境として

- 安全で治水がしっかりしていること
- 水質の良好な水が豊富に保水され，利水が損なわれないこと
- 水辺は生活自然環境の重要な一部を担っているという認識のもとに水辺に親しめること

などと，従来の治水機能および利水機能に加え，保水機能（最近，唱えられるようになった）や親水機能が叫ばれるようになった[2]。

　このような背景の中で，河川の親水性や保水性の確保は，いまや河川管理者の主要な施策となっている[3]。国土交通省（旧建設省）では，すでに昭和44年度から河川環境整備の一環として

1. 自己流量が少なく汚濁している都市内の河川に，水質の良好な他の河川等から浄化用水を導水したり，下水の三次処理水等を活用する浄化用水導入

2. 河底に堆積した有機物を多く含み,悪臭や富栄養化の原因となるヘドロ等の浚渫
3. 汚濁した河川水を礫間接触酸化法や薄層流等による直接浄化

などの水質浄化事業を全国的に展開し,今なお,継続して行われている(関連事項:4.1.2項参照)。

しかし,現実には,河川の持つ機能の中でも流域住民の人命および財産などを保護する治水機能はきわめて重要であり,理由の如何を問わず,優先されるべきである。このことから,河川の浄化事業にあっては,治水機能を低下させたり,阻害したり,またその恐れが生じると思われる場合には,即座に中止すべきである。

まずは,このことを強調しておき,話を先に進めることにする。

図7.1はいろいろな文献や図書などから[4]〜[13],各地の河川で実施されたり,また今なお,実施されている河川の浄化技術を体系化して示してある。

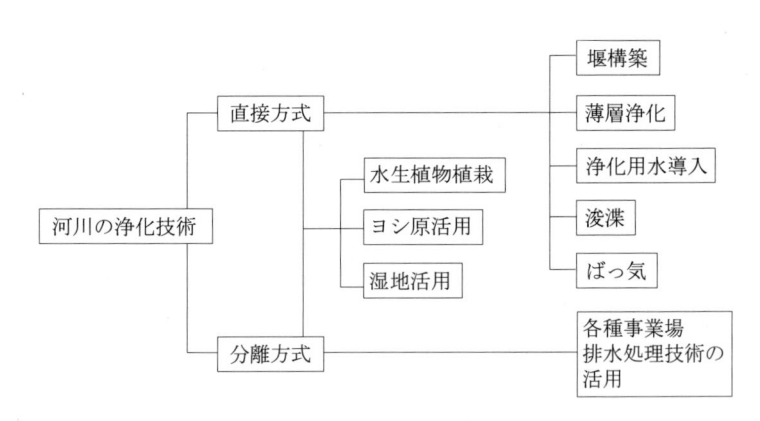

```
河川の浄化技術 ─┬─ 直接方式 ─┬─ 堰構築
                │             ├─ 薄層浄化
                │             ├─ 浄化用水導入
                │             ├─ 浚渫
                │             └─ ばっ気
                │         ─┬─ 水生植物植栽
                │           ├─ ヨシ原活用
                │           └─ 湿地活用
                └─ 分離方式 ─── 各種事業場排水処理技術の活用
```

図7.1 河川の浄化技術

以下では,それらの技術における留意点や浄化の原理などを全体的に捉えて概括し,詳細は各節で述べることにする。

最初に,浄化方式には,湖沼の浄化技術と同様,直接と分離の2つの方式がある。また浄化技術についてはそれぞれの方式と,それらいずれの方式にも適応

できるものとがある。しかし、河川の場合、湖沼とはまったく異なり、水が常に流れ、しかもいつ起こるか予測し難い洪水があるということから、浄化技術は直接方式あるいは分離方式のいずれかに対応して、かなりはっきりと分類されているのが特徴である。

水が"不動"か"動"かは、浄化技術にとって非常に重要な要因であり、場合によっては、技術が潜在的に有している問題点・課題などをより助長させたり、あるいは本来の長所を短所に転じたりすることにもなるので十分な見極めが必要である。仮に、浄化技術が原理的、概念的にいずれの方式にも適応が可能とするならば、維持管理、経費、効果の面から躊躇することなく分離方式を選択する方が賢明である。

つぎに、分離方式の浄化技術に関して、特に細心の注意を払わなければならないのは、施設の設置場所である。場所によっては、施設が降雨のたびに冠水したり、また土砂などによって目づまりを起こしたりして、浄化機能を損なうことになるからである。

ちなみに、今まで設置された河川浄化施設の場所についての実施事例をみると、大きくは堤内地、高水路[*1]（広義では河川敷）、低水路[*2] の3つがある。そしてさらに、低水路での設置には河道の地下に設置するタイプと、流水面に設置するタイプがあるが[12]、そのいずれであったとしても、低水路における設置は冠水や洪水に伴う土砂等によって施設の破損、埋没、機能の低下などの危険があるので、より注意が必要である。

最後に、河川における各種浄化技術の原理については、大まかには

1. 沈殿（沈降）：自重による自然沈殿（沈降）、硫酸バンド・鉄塩などの薬剤を用いた凝集沈殿、接触ろ材との接触沈殿によって汚濁物質（SS成分など）を除去

2. ろ過（吸着）：土壌浸透、ろ過材（砂、無煙炭、ろ布など）を通過させることによって汚濁物質をろ過（吸着）して除去

[*1,2] 高水路および低水路：洪水を河川敷で最小限に抑え、河川水をできるだけ早く海に放流するため堤防を構築した河川を高水路という。これに対して、船運のための航路の確保や灌漑用水の取水を主要な目的として、堤防を構築していない河川を低水路という。

3. 生物酸化（ろ過）：接触ろ材に付着した微生物の生物膜によって有機物質などを分解無機化
4. 吸収（吸着）：水生植物の植栽などによって無機態の栄養塩類物質を吸収

のいずれか，または複数の組み合わせに基づいている[6)7)12)]。またこれらの浄化技術がどのような原理に基づいているのかについては，以下の各節および事例の紹介を通して述べる。

7.1 堰構築

7.1.1 浄化の原理

河川のみならず，次章で取り扱う排水路の浄化技術において，浄化効果をもっとも顕著に支配するのは，懸濁態物質（SS成分）をいかに多く，そして速やかに除去できるかである。

BODおよびCODで表される有機物質や，窒素およびりんの栄養塩類物質は形態別でみると，第5章で述べたように水域で違いがみられるものの，概して粒状態，要するにSSの形態で存在している場合が少なくない。この意味では，SSの除去は，自ずと浄化施設に対する汚濁負荷の軽減となり，その結果，高い浄化効果とその持続性を期待することが可能となる。極端な言い方ではあるが，いかなる方式および種類に基づく浄化施設といえども，構造上，まずはSSの除去に始まり，SSの除去で終わるといっても決して過言ではない。

堰構築は，河道に堰を構築することによって流速を弱め，そこで河川中のSS成分を自重により自然沈殿・沈降させ，そのうわ水を自然流下で下流に放流する浄化技術であり，その原理は，まさにSS成分の沈殿（沈降）に基づいている。

7.1.2 堰の種類と問題

堰には不動な固定堰と，起伏が自由自在な可動堰の2つがあるが，これらは互いに補えない決定的な長所と短所をそれぞれ有している。

一つは，ともに河道をせき止めるという点で洪水を引き起こす恐れはあるが，可動堰は洪水を引き起こすまでに至らない最大限の越流水深を設定して構築ができ，しかもそれを越える不測の雨量にも堰が自動的に転倒し，洪水を未然に防ぐことができる。これに対して，固定堰はかなり高い安全性を見込んで構築されるものの，一時的な大雨など不測の雨量には対応することができないという欠点がある。

二つめは，堰で流速が弱められSS成分が河床に沈殿・堆積するが，もし，そのまま放置しておけば自然とヘドロ化して，最後は河川内水質汚濁発生源になりかねない。このため，いずれはそれを浚渫等で除去する必要があるが，可動堰の場合は，越流水深を越える雨量があるたびに堰が転倒し，堰上流部に堆積したヘドロを下流に流出し，農業用水などの利水に影響を与えることになる。

このように，堰構築は工法によって避けがたい問題点を抱えているが，河川浄化の技術としての効果は，7.6節の「礫間接触酸化浄化法」の事例として紹介する大堀川および桑納川の礫間接触酸化浄化施設において，堰設置によるBOD除去率が浄化施設内でのそれとほとんど変わらないという結果からして，著しいものがあることは事実である。

7.2　薄層流

7.2.1　浄化の原理

この浄化技術は，薄層流という漢字のもつ雰囲気からして，川の浅いところを流れる"せせらぎ"を連想させるが，まさにその通りである。要するに工法的には，"せせらぎ"を創出するような要領で，河川の流量に対し河床面積を広くとり水深を極力浅くして

- 汚濁物質（主にSS）の沈殿（沈降）を促すと同時に，河床でのろ過を助長
- 流れの乱れによる再ばっ気（酸素が水に溶け込む現象を指す）の増大
- 河床に好気性微生物を多く付着させ有機汚濁物質の分解無機化を促進

させることによって浄化を図ろうとする技術であり，その原理は沈殿（沈降），ろ過，生物酸化の相乗作用に基づいている[5)6)11)14)15)]。

7.2.2 浄化効果と問題

この技術の浄化効果は，沈殿，再ばっ気に関係してくる流速，水深，乱れの流況特性と，ろ過，付着微生物の増殖（すみか）に関係してくる河床の形状・材質が複雑に絡みあって，一定の評価をし難いのが現状である。しかし，大阪市の西除川薄層流浄化施設の例では（高水護岸の内側に幅7～10 mの低水護岸を設置して，その河床に直径10～20 cm程度の礫を厚さ30 cmに敷きつめている。その他，構造などの詳細については文献[15)]を参照），BODの除去にある程度の効果（水深が増加すると低下）がみられたとしているものの，一方では河床に敷きつめた礫の目詰まりや，礫に付着した生物膜の剥離によってSS成分の増加が生じ，これらの対策を含めた今後の維持管理のあり方が課題として残されたとしている。

このようなことからしてみると，この浄化技術は，まだ未完であり，実用化にはさらなる研究と開発が必要と思われる。

7.3　浄化用水導入

この技術は，建設省が昭和44年度に潤いのある水辺空間の創出を目的に創設した河川整備事業の一つである河川環境整備事業（直轄および補助）に基づき（4.1.2項参照），各地の河川で水質の向上を図る手段として実施してきたもので，その実施事例は枚挙にいとまがない[7)16)]。

浄化の原理としては，6.3.1項に述べた湖沼における浄化用水導入のそれと同様，物理的希釈と自浄作用の回復の2つに加え，さらに

- 流速増加によるヘドロの洗掘
- 流速増加によるヘドロの沈降抑制
- 溶存酸素の供給

がある。

　しかし，この技術を実際の河川で実施するにあたっては，浄化効果のみにとらわれることなく，大所高所から流路全体を眺めて考えることが重要と思われる。なぜならば，一つは，物理的希釈は，確かに生物反応や化学反応などによって質的変化を起こさない汚濁物質の濃度を見かけ上では減少させるが，総量的（絶対量）には何らの変化も生じ得ないのである。もとより，水域浄化が目指す究極の目的は，あくまでも汚濁負荷量の絶対的な削減であって，濃度の減少ではない。

　二つめは，洗掘されたヘドロ，また沈殿・沈降を抑制されたヘドロの行き場所である。河川の流末は，湖沼あるいは海のいずれかである。要するに，洗掘されたヘドロ状の汚濁泥や有機性SS成分などの沈殿・堆積場所を，他の場所（湖沼，海）に移し替えるにすぎない。そしてそこでは，恐らく新たな水質および底泥の汚濁や被害などを招くと同時に，そのための浄化を図らなければならない羽目になる。

　三つめは，質の異なる浄化用水の導入によって下流域での生態系に影響を及ぼすことにもなりかねない。

　ともあれ，水質浄化のために浄化用水の導入を図ろうとする場合には，導水を受ける河川の下流域における動植物（生態系の構造と機能）の特性や利水状況などを予め十分に把握し，最小限の導水量でそれらに与える影響を抑えるべきである。また，第6章ですでに触れたことではあるが，一度，浄化用水の導入を図ったならば，その導水は流域での抜本的な汚濁発生源対策が講じられない限り，連続して行うことが原則となる。その時々の都合によって行われる断続的な導水は，むしろ導水域やその下流域の生態系および利水に対して悪影響と被害を及ぼすことになる。このことからも，導水の事業化にあたっては，浄化用水の導出を許可する河川側での利水計画を含む水収支の予測がきわめて重要になる。

7.4　浚　渫

　浚渫は，前節の浄化用水導入と同様，建設省が事業主体となって全国各地の河川浄化事業を支えてきた実績の多い技術である[16]。

浚渫技術の浄化原理や，その技術の水質汚濁防止対策における意義などについては，すでに6.4節に詳述した通りであり，それ以上の説明は不要である。ただ，河川で浚渫を行うことにおける問題点は，常に水が流れているため，計画の不備や失敗が即座に下流域に被害や影響という形で具現することである。また，浚渫泥の下流域への流出は，上述の導水によるヘドロの洗掘と同様な問題を生じることとなり，その防止対策には万全を期する必要がある。

7.5 ばっ気

河川中の溶存酸素は，大気からの溶解（流量，流速，河床形状，波浪，水温などの要因によって影響を受ける）にほとんど依存している。しかし，この再ばっ気量が有機物質の生化学的分解などに伴う酸素消費（BOD酸化に要する酸素消費）を下回ると無酸素状態（嫌気的条件）となり，その結果

- 底泥からりんやアンモニア態窒素（NH_4-N）が溶出
- 硫化水素（H_2S），アンモニア（NH_3-N），有機酸，アミン類およびメルカプタンなどの悪臭物質が生成
- ガス（メタン）が発生
- 硫化鉄の生成によって河床が黒変

などの現象が生じる。ばっ気は，このような現象等を抑制するとともに，河川が本来持っている自浄作用を回復させるものである。

ばっ気装置は目的に応じて，大きく微細気泡式（旋回流式，全面エアレーション式），粗大気泡式，気泡噴射式，水中撹拌式に分けられる。そして散気装置にはデスクデフューザ，塩化ビニリデン系繊維やナイロンで巻いたプレシジョンチューブ（散気管），セラミック製や合成樹脂製の散気管など，いろいろな種類がある[17]。しかし，河川浄化におけるばっ気の目的は，6.5節で述べた酸素の供給と同時に，散気孔から発生する気泡の連行加入によって生じる水の循環を期待する湖沼浄化とは異なり，ただ単に酸素の供給のみを考えればよい。

このことから,河川でのばっ気には,酸素の溶解率(酸素移動効率)が高く,しかも目づまりを起こしにくいようなばっ気装置を備えた散気管が望まれる。現実には,ばっ気に掛かる電気料金は相当額にかさむことから,河川の流況や水質状況を十分に配慮した選択が迫られることになる。

7.6　礫間接触酸化

人の手が加えられていない自然の河川では,規模に大小はあるものの,ところどころに流れの早い"早瀬",流れの緩やかな"平瀬",そして流れが淀んでいる"淵"がみられる。これら流れの強弱を示す"場"こそ,第1章で述べた河川の自浄作用における重要な担い手なのである。すなわち,平水時の早瀬および平瀬では,SS成分が河床との接触によって沈殿・吸着,また有機物質は河床に付着した微生物膜との接触酸化によって分解無機化されると同時に,無機化した栄養塩類物質は河床に付着している藻類によって吸収される。そして淵では,いろいろな懸濁物質や,早瀬および平瀬の河床から剥離した微生物膜および付着藻類が河床に沈殿,堆積し,そこで好気的分解(時には嫌気的分解)を受け無機化する。一方,出水時には,河床に沈殿・堆積した汚濁物質が掃流され,浄化機能が助長,回復したりする。

これは,自然の河川における自浄作用の構図を表しているが,礫間接触酸化は,まさにこの河川の早瀬あるいは平瀬で生じる自浄作用を人為的に再現したものといえる。要するに,この施設による浄化は,河床に相当する面を礫等(栗石など)の利用によって多重的に増大させ,そして汚濁物質を礫と接触させ沈殿あるいは吸着させるとともに(接触沈殿),礫の表面に付着した細菌,藻類,原生動物などの微生物や輪虫類,貧毛類などの微小後生動物などから構成される生物膜によって有機物の分解無機化(接触酸化)を促す原理に基づいている。

この方法は,昭和49年に東京都府中市玉川是政地先で初めて建設省関東建設局京浜工事事務所によって実験された。そしてその後,他機関による他所での実験を経て,昭和58年(竣工)にその最初の実用施設(計画処理水量:9万m^3,その他施設諸元および計画諸元,水質調査結果の詳細については文献[18])を参照)

が京浜工事事務所によって多摩川支流の野川に建設された[7)18)19)]。以来，この技術による浄化施設は建設省の河川浄化事業の中心をなしている。

なお，この技術の浄化効果および問題点などについては，以下に紹介する事例の中で述べることにする。

事例1 大堀川における礫間接触酸化浄化施設

(1) 施設の概要

大堀川は手賀沼主要流入河川の一つで，千葉県の柏市内（人口：約32万人）を貫流する流路延長 8.7 km，流域面積 31.8 km^2 の利根川水系の1級河川である（図6.3参照）。

施設は，手賀沼の大堀川河口から約5 km 溯った柏市高田地先に掛かる志ん橋の直下流部に総事業費約6億円をかけて昭和60年に着工，平成元年7月に完成した。同年10月から平成8年度までは当初計画の諸元で稼働，そして平成9〜10年度の改修工事をへて平成11年5月からは新たな計画諸元で稼働を始めている（写真7.1）。

写真7.1 大堀川礫間接触酸化浄化施設の全景
（施設下流側から上流側に向けて）

[7] 河川の浄化技術と事例　113

　表7.1は施設改修工事前・後の諸元，そして図7.2および図7.3は改修工事前および改修工事後の立体構造をそれぞれ示している。

表7.1　大堀川礫間接触酸化浄化施設の改修工事前・後における諸元

諸元	当初計画施設諸元（改修前）	施設改修後諸元
計画処理水量	・平均処理水量：$0.38\,m^3/sec$ ・最大処理水量：$0.76\,m^3/sec$	同左
計画処理水質（除去率）	・BOD（除去率：50%） 　$35\,mg/\ell \Rightarrow 17\,mg/\ell$ ・SS（除去率：75%） 　$25\,mg/\ell \Rightarrow 6\,mg/\ell$	・BOD（除去率：75%） 　$35\,mg/\ell \Rightarrow 8.1\,mg/\ell$ ・SS（除去率：78%） 　$25\,mg/\ell \Rightarrow 5.4\,mg/\ell$
接触酸化浄化槽	・仕様（m） 　110.8(L) × 18.84(W) 　× 4.0(D)：1槽 ・総容積：約$8,200\,m^3$ ・礫床厚さ：約2 m ・滞留時間：約78分	・仕様（m） 　34.50(L) × 18.64(W) 　× 2.0(D)：3槽 ・総容積：約$3,866\,m^3$ ・礫床厚さ：約1.6 m ・滞留時間：約70分
取水施設	・取水堰（ゴム引布製起伏堰） 　仕様（m） 　1.2(H) × 18.65(W) ・起伏時間：20分 ・倒伏時間：20分	同左
ばっ気ブロワー	・送風機：直径200 mm × 2台 ・送風量：$34.2\,m^3/min$	同左
排泥ブロワー	なし	・送風機：直径150 mm × 1台 ・送風量：$12.8\,m^3/min$

(千葉県東葛飾土木事務所のパンフレットより作成)

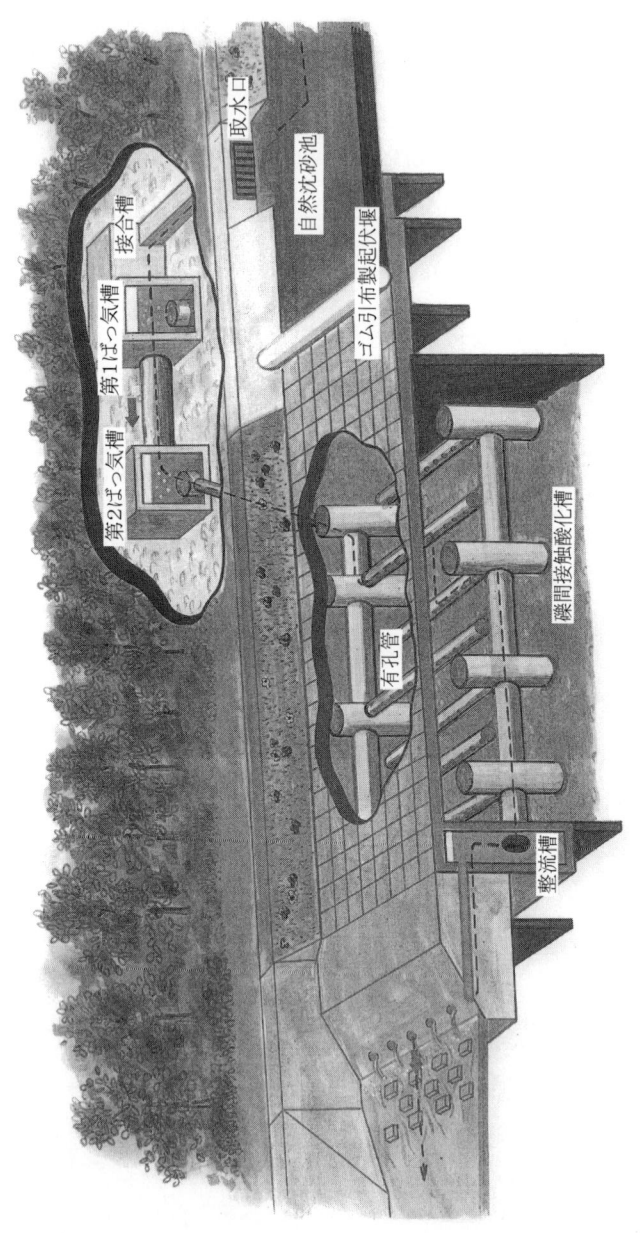

図7.2 大堀川礫間接触酸化浄化施設改修工事前の立体構造
（千葉県東葛飾土木事務所・パンフレット）

[7] 河川の浄化技術と事例　**115**

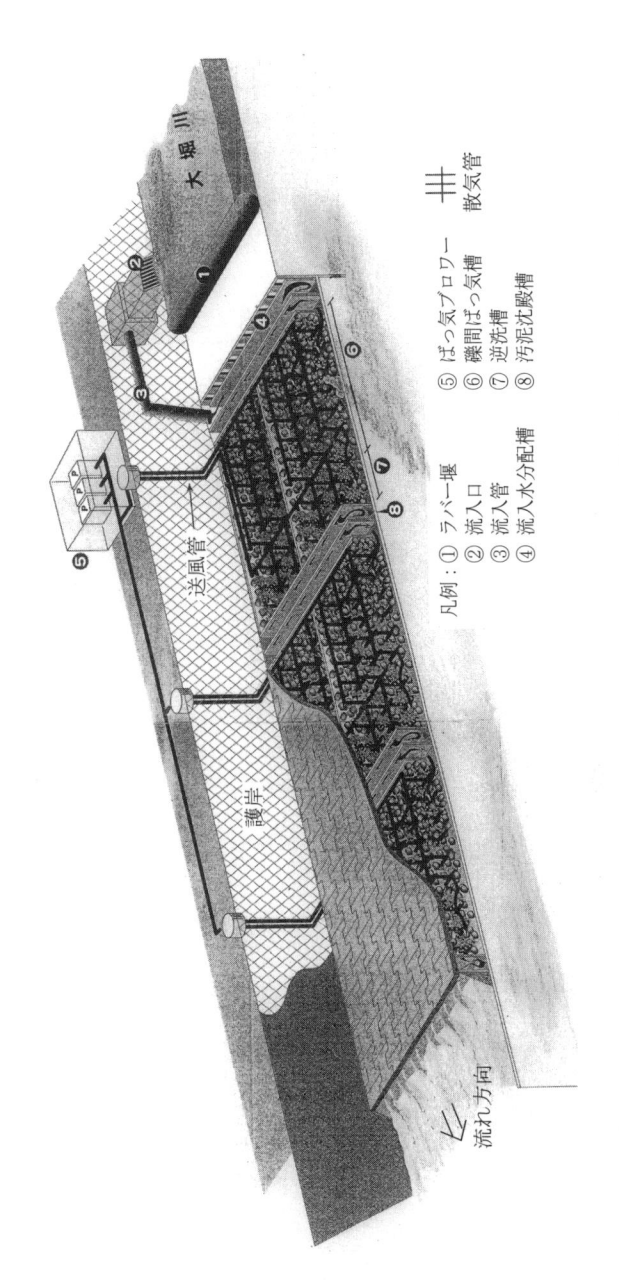

凡例：① ラバー堰　⑤ ばっ気ブロワー
　　　② 流入口　　⑥ 礫間ばっ気槽
　　　③ 流入管　　⑦ 逆洗槽
　　　④ 流入水分配槽　⑧ 汚泥沈殿槽

図7.3 大堀川礫間接触酸化浄化施設改修工事後の立体構造
（千葉県東葛飾土木事務所・パンフレット）

まず，この当初計画に基づき建設された施設の特徴は，河床および河川敷における地下の有効利用である．すなわち礫を充填した接触酸化槽（容量：$8,200\,\mathrm{m}^3$）を河床の地下に，また直列のばっ気槽の2室は河川敷の地下にそれぞれ構築している．

つぎに，河川水中の懸濁態物質などの施設への流入を極力抑えるために取水堰（ゴム引布製起伏堰）を構築し，その上流側の河道300mに自然沈砂池（容量：$12,000\,\mathrm{m}^3$）としての機能を持たせていることである（関連事項：7.1節参照）．また，この取水堰は，晴天時には河川水の全量を施設に導入するが，堰越流水深が降雨などによって24cmを越えると治水機能の障害にならないように自動的に転倒する構造となっている．

最後に，施設の改修は，礫間接触酸化槽が当初計画では1槽であったのを，改修後は図7.3に示したように3槽に分割した．そしてそれぞれの槽の前に河川水を均等に流入させる流入水分配槽と，礫（ろ材）の逆洗によって剥離した余剰の付着生物膜などを沈殿・集積させ，バキューム車による吸引がしやすいように汚泥沈殿槽を設けている．

(2) 維持管理と経費

施設改修後の維持管理とその経費は，詳細が把握できていないため，ここでは，参考までに当初計画の諸元で稼動していた当時におけるそれらについてのみ述べる．

礫間接触酸化槽のばっ気用ブロワー運転費用として約100万円，そして施設の取水口前面に設置してあるスクリーンに集積した枯れ草や農作物の葉茎等の農業ゴミ（圧倒的に多い），ビニールおよびプラスチック製品の廃物，空き缶などの回収作業，また夏季に行う施設周辺の草刈り作業の委託費が約300万円程度かかる．

この他に，維持管理の中でもっとも経費が掛かるのは，年2～3回行われる施設放流口前面域，およびラバー堰の転倒によって流出し，施設に堆積した汚泥のバキューム車による除去がある．その汚泥の処理・処分量は1回あたり約$300\,\mathrm{m}^3$で，その委託費用は約900万円である（写真7.2）．

写真7.2 大堀川礫間接触酸化浄化施設改修工事前の放流口付近に堆積したヘドロ除去作業

(3) 浄化効果と問題等

1) 浄化効果

表7.2は，当初計画による施設の稼動を開始（平成元年10月）した約1年後の平成2年9月7日と11月17日の午前8時から午後8時までの間に2時間間隔で行った水質調査に基づく水質濃度と除去率の平均をそれぞれ示している。

表7.2 大堀川礫間接触酸化浄化施設改修工事前の通日調査に基づく水質濃度と除去率の平均

採水場所除去率	平成2年9月7日				平成2年11月17日			
	BOD (mg/ℓ)	SS (mg/ℓ)	T-N (mg/ℓ)	T-P (mg/ℓ)	BOD (mg/ℓ)	SS (mg/ℓ)	T-N (mg/ℓ)	T-P (mg/ℓ)
志ん橋直上流	36	16	17.5	2.20	14	14	10.2	0.70
施設流入水	21	20	13.9	2.16	9.8	15	10.8	0.93
施設放流水	17	5	15.2	2.05	6.9	7	10.4	0.74
除去率1 (%)	41.7	▲25.0	20.6	1.9	30.0	▲7.1	▲5.8	▲32.9
除去率2 (%)	19.0	75.0	▲9.4	5.1	29.6	53.3	3.7	20.4

（千葉県東葛飾土木事務所資料より作成）

〔備考〕志ん橋直上流：施設流入口から上流10 mの地点
　　　除去率1：施設流入口と施設流入口から上流10 mの地点の間
　　　除去率2：施設内
　　　▲：付加率

浄化効果を水質の除去率でみると，BODは施設流入口とそこから上流に10m溯った地点間の河道内 (以下，河道内と称す) で9月7日に41.7％の高い除去率を示していたが，施設内 (河川水の流入口から放流口) ではその半分の19.0％にすぎなかった。しかし，施設全体 (河道内を含む) としては約61％の除去率が得られている。11月17日はそれぞれ30％，29.6％とほぼ同率の除去であったが，全体としては約60％と，9月7日とほぼ同様といえる除去率を示していた。

SSは，9月7日は河道内において25％ (16mg/ℓ→20mg/ℓ) の増加を示したが，施設内では75％ (20mg/ℓ→5mg/ℓ) 相当の除去がみられた。11月17日は河道内でわずかな濃度増加 (14mg/ℓ→15mg/ℓ) がみられたが，施設内では53.3％ (15mg/ℓ→7mg/ℓ) の除去がみられた。

窒素およびりんについては，本来，この種の施設では除去が不可能であるが，濃度に増減 (除去と付加) がみられる。これは，SS成分 (懸濁態物質) の形態で存在する窒素およびりんの施設内における接触沈殿の多寡に起因した結果といえる。

一方，表7.3は，施設改修工事1カ月後の平成11年5月26日から平成12年2月23日までの間，月1回の割合で調査した施設の水質濃度と除去率の平均を示している。

表7.3 大堀川礫間接触酸化浄化施設改修後の流入・放流水における水質の平均 (最小～最大) 濃度と平均除去率

水質	採水場所		除去率 (％)
	施設流入水	施設放流水	
BOD (mg/ℓ)	10.5　(4.5～10)	6.7　(3.4～7.8)	40.9 (8.9～55.6)
SS (mg/ℓ)	13　　(5～54)	5　　(2～14)	61.5 (0～87.0)
T-N (mg/ℓ)	5.49 (2.03～10)	5.06 (2.39～9.62)	7.8 (▲16～41.2)
T-P (mg/ℓ)	0.73 (0.33～1.07)	0.69 (0.30～1.02)	5.4 (▲5.5～10.5)

〔備考〕▲：付加率　　　　　　　　　　　(千葉県東葛飾土木事務所資料より作成)

BODおよびSSはそれぞれ40.9％，61.5％と，計画の水質除去率を満たしていないが，改修前に比べて明らかに改善されている。また，窒素およびりんは，SSの除去効果を反映してそれぞれ7.8％，5.4％と，わずかではあるが除去されている。

2) 問題と課題

膨大な費用と長い年月をかけて建設した当初計画に基づく施設における問題として

1. 施設の運転に伴って不可避的に堆積する汚泥の引き抜きと，施設の清掃が不可能な構造であり，汚泥の堆積が計画容量に達した段階で無用の長物になる恐れがあったこと
2. ばっ気槽の通気孔から発生する多量の泡（河川水中に含まれるいろいろな洗剤がばっ気によって発泡）が景観上好ましくなかったこと
3. 常時ではないが，特に夏季において取水堰に集積し，水面上に浮遊する多量の汚泥（スカム）から発する悪臭について，周辺住民から苦情が出ていたこと
4. 礫間接触酸化槽でのばっ気不足のため，放流水が悪臭を発していたこと
5. 施設放流口前面に多量の汚泥が堆積したこと

などがあった。

しかし，改修後は，3.のスカム集積による悪臭を除き，問題はほとんど解決されたといえる。そして施設の放流口前面水域はむろんのこと，施設の下流域では手賀沼から遡上してきたコイ，そして特にモツゴ* が多く見られると同時に，それを餌とする白鷺（コサギ，チュウサギ，ダイサギ）も飛来するようになった。また，これにもまして，子供たちが放流口周辺域で釣りや，たも網をもって素足

---

*モツゴ (Pseudorasbora parva)：コイ科の魚類で関東地方（クチボソと呼ばれている）および新潟県北部を東限とする本州，四国，九州に分布し，池・湖・細流の泥底に生息する[20]。成魚で8〜10 cm。手賀沼では，佃煮材料としての重要な漁獲対象魚で，年間9万トン前後の水揚げ（売上額：1億円前後）がある[21]。

で魚取りをする姿を見かける機会が多くなったことは，水質浄化の絶対的評価ともいえる（写真7.3）。

このように，水質が改善され生物が生息できるようになると，起伏自在の堰といえども，魚類の遡上や溯游を阻止し，さらには生態系の回復と安定化を脅かす構築物にもなりかねない。今後，堰のあり方や構造については，一考を要する。

最後に，以上の問題や課題などとは別に，大堀川の浄化には，礫間接触酸化以外の施設では対応が不可能であったのかどうかである。もとより，礫間接触酸化による浄化技術は，広大な河川敷と豊富な砂利資源を基盤とする多摩川の歴史的背景を十分に考慮し[18)19)]，開発されたところに成功の鍵があったといえる。にもかかわらず，水質汚濁や流域の諸特性がまったく異なる水域で，多摩川と同じ仕様の礫間接触酸化浄化施設を建設したとしても，同じ浄化効果が得られるという保証はどこにもない。要は，多摩川は多摩川，大堀川は大堀川と，水域がそれぞれに持つ流域特性と歴史的背景を十分に考慮し，それに適った浄化施設を検討すべきである。

写真7.3 大堀川礫間接触酸化浄化施設改修工事後の放流口付近で魚取りをする子供たち

事例 2　桑納川における礫間接触酸化浄化施設と土壌浸透浄化施設の併設

事例の紹介に先だって，最初に土壌浸透浄化の概略について説明する。この浄化の原理は

- 土壌の土壌粒子がもつろ過および吸着
- 土壌中に生息する莫大な数と種類の微生物（バクテリア，放射菌，糸状菌など）や動物（ミミズが圧倒的に多い）による分解無機化
- 植物根による吸収
- 土壌中での酸化および還元作用
- 難分解性の有機物は安定な腐食物質として土壌に徐々に蓄積

など，いわゆる巨視的には土壌生態系のもつ諸機能に基づいている[22)~24)]。

一方，この原理に基づき浄化を行うための土壌浸透の方式としては，大きく分けて

1. 潅漑：散布方法によって，さらにスプリンクラー潅漑法，ドリップ潅漑法，水田潅漑法などがあるが，要は傾斜のない水田，畑地，牧草，芝生，街路並木等の地表に均等に散水
2. 地表流下（オーバーランド）：牧草，樹木などが植栽してある傾斜の地表面に簡単な散水装置で均一に流れるように散水
3. トレンチ：構造面からみて，さらに散水管をとおし浸潤または拡散させる構造基準トレンチ法（し尿浄化構造基準，昭和 63 年 3 月 8 日，建設省告示第 342 号），毛管浸潤に重点をおいた毛管浸潤トレンチ法，そして毛管浸潤作用をより強化した浸潤マット法

の 3 つがある[10)25)~27)]。しかし，この中にあって潅漑および地表流下の方式による土壌浄化は相当の面積を必要とすることに加え，地下水汚染，重金属による土壌汚染，病原菌による汚染などの問題があり，わが国では実施事例が非常に少ない。仮に，事例があったとしても，それは他の処理浄化施設などで前処理をし

た2次処理水 (再生水) を対象として行った小規模か, 実験レベルの規模にすぎない[28)29)]。

これに対して, トレンチによる浄化は, わが国では, 生活排水を前処理した後の2次処理水を対象にした実施事例が多いが[28)〜30)], 河川水を直接浄化対象とした例は, 上述の2つの方法を含めていずれもない。この理由は, 広い土地面積を必要とすることと, トレンチに充填する土材, 土質, 土粒子, 土量などの選定から, 特に土壌の目づまり* などに対する維持管理までの繁雑さにある。

この意味では, 土壌浸透は, 河川直接浄化技術の一つとして, 単独で位置付けし実用化するには, まだしばらくの時間を必要とする。しかし, 3.1.1項で触れた生活排水浄化施設との併用によってその2次処理水における窒素およびりんの高度処理, また他の浄化技術との併用によっては浄化対象水を選ぶことなく, かなりの高度処理が期待できるものもある。

ここで紹介する桑納川浄化施設は, 実験レベルの段階とはいえ, まさにその実用化に向けた例といえる。

(1) 施設の概要

桑納川 (かんのうがわ) は印旛沼に流入する7河川の一つで, その流域面積は $26.2 km^2$, 流路延長 7.3 km の小河川である (図6.5参照)。流域人口は, 施設の一部が通水を開始した昭和61年度末現在で108,611人, そしてこのうちの51.3%に相当する55,697人は, 生活雑排水の未処理人口であった[33)]。一方, 水質は当時でBODが $12mg/\ell$, SSが $17mg/\ell$ で, 流入河川中もっとも悪い状況にあった[34)]。

施設は, 印旛放水路 (新川) に合流する桑納川河口右岸に約 $1,500 m^2$ の休耕田を買収し, そこに総事業費約10億7千万円 (1,520万円の休耕田買収費を含む) を投じ, 昭和59年度に着工, 平成元年1月に完成した。しかし, この間の昭和61年9月30日には, すでに施設の一部 (全体計画の1/8) に通水を行っている。

---

*土壌の目づまり:土壌浄化における目づまりには, 原因が2つあるといわれている[24)]。1つは有機性SS, 微生物細胞体や菌糸, 微生物の代謝産物などに起因するものであるが, これは汚濁水の浸透を休止して好気的条件を保てば, 夏季は数カ月, 冬季は半年程度で回復する。他は, 団粒構造の破壊によって粘土成分が土壌の孔隙に沈着して起こる不可避の目づまりである。これは, 団粒破壊の防止対策を別途必要とする幾分厄介な問題を抱えている。

[7] 河川の浄化技術と事例　　**123**

　土壌浸透浄化施設は，実用化を念頭におきつつも，あくまでも実験レベルでの施設であるが，土壌浸透槽に充填する土壌は，あらかじめ土壌粒径から礫に区分されるサンゴおよび礫，粗砂に区分される浄水汚泥，そして粗砂ないし細砂に区分される川砂の3種類について，透水係数，りん酸吸収係数，厚密度などの諸条件を実験等によって約1年間にわたって検討され，最終的に川砂が選ばれた。

　施設はその後，平成5年度から始まった桑納川の河川改修工事によって運転の中止を余儀なくされたが，これに併せて礫間接触酸化および土壌浸透の両浄化施設の一部改良工事を行い，礫間浄化施設は平成9年5月，そして土壌浄化施設は平成11年2月からそれぞれ運転を開始している。

　表7.4は桑納川の礫間接触酸化浄化施設の改良工事前・後における諸元，また表7.5は土壌浸透浄化施設の改良工事前・後における諸元をそれぞれ示している。

表7.4　桑納川礫間接触酸化浄化施設改良工事前・後における諸元

諸元	当初計画施設諸元（改造前）	施設改造後諸元
取水方式	・ラバー堰：$1.0(H) \times 8.4(W)$ m	・ポンプ
計画処理水量	・平均処理水量：$0.85 \, \text{m}^3/\text{sec}$	・平均処理水量：$0.17 \, \text{m}^3/\text{sec}$ ・最大処理水量：$0.28 \, \text{m}^3/\text{sec}$
計画処理水質（除去率）	・BOD（除去率：75%） $16 \, \text{mg}/\ell \Rightarrow 4 \, \text{mg}/\ell$ ・SS（除去率：80%） $25 \, \text{mg}/\ell \Rightarrow 5 \, \text{mg}/\ell$	同左
接触酸化浄化槽	・仕様（m） $110.8(L) \times 18.84(W) \times 4.0(D)$ ・総容積：約 $24,200 \, \text{m}^3$ ・礫容積（有効）：$22,865 \, \text{m}^3$ ・礫部面積：$7,622 \, \text{m}^2$ ・礫床厚さ：約 3 m ・滞留時間：約179分	・仕様（m） $34.50(L) \times 18.64(W) \times 2.0(D)$ ・総容積：約 $7,800 \, \text{m}^3$ ・礫容積（有効）：$7,545 \, \text{m}^3$ ・礫部面積：$2,515 \, \text{m}^2$ ・礫床厚さ：約 3 m ・滞留時間：約66分

（千葉県千葉土木事務所のパンフレットおよび聞き取りより作成）

表7.5 桑納川土壌浸透浄化施設改良工事前・後における諸元

諸元		当初計画施設諸元（改造前）	施設改造後諸元
計画処理水量		・処理水量：$0.043\,\mathrm{m^3/sec}$	・同左
計画処理水質の除去率		・流入水のりん濃度の50% $1.75\,\mathrm{mg/\ell} \Rightarrow 0.88\,\mathrm{mg/mg/\ell}$ （流入水とは，礫間接触酸化浄化施設での処理水を指す）	・流入水のりん濃度 50%除去 （同左）
計画通水速度		・$5.2\,\mathrm{m/日}$	・同左
土壌浸透槽	面積	・$721\,\mathrm{m^2}$	・同左
	土壌総容積	・$1,082\,\mathrm{m^3}$ 内訳：川砂 $1,082\,\mathrm{m^3}$	・同左 内訳：川砂 $865\,\mathrm{m^3}$ 　　　浄水汚泥 $216\,\mathrm{m^3}$
	土壌厚	・$1.5\,\mathrm{m}$ 内訳：川砂 $1.5\,\mathrm{m}$	・$1.5\,\mathrm{m}$ 内訳：川砂 $1.2\,\mathrm{m}$ 　　　浄水汚泥 $0.3\,\mathrm{m}$
充填土壌特性	種類	・川砂	・川砂 ・浄水汚泥
	りん酸吸収係数	・川砂：$500\,\mathrm{mg/100\,g}$ 以上	・川砂：$500\,\mathrm{mg/100\,g}$ 以上 浄水汚泥： $1,500\,\mathrm{mg/100\,g}$ 以上
	土壌粒径	・川砂：約 $0.4\,\mathrm{mm}$	・川砂：約 $0.4\,\mathrm{mm}$ ・浄水汚泥：$5\sim10\,\mathrm{mm}$

（千葉県千葉土木事務所のパンフレットおよび聞き取りより作成）

　まず，礫間接触酸化浄化施設での大きな変更は，槽の総容積が当初計画の約3分の1程度の $7,796\,\mathrm{m^3}$ に縮小されたこと，そしてこれに伴って処理水量が当初計画の5分の1の $0.17\,\mathrm{m^3/sec}$，また滞留時間が約179分から約66分にそれぞれ減じたことである。

　つぎに，土壌浸透浄化施設では，土壌浸透槽の充填土壌が当初計画では川砂のみであったのが，改造後は川砂に加え千葉県水道局栗山浄水場から発生する汚泥を併せて利活用していることである。

　なお，図7.4は，土壌浸透槽の構造断面を示している。

[7] 河川の浄化技術と事例　**125**

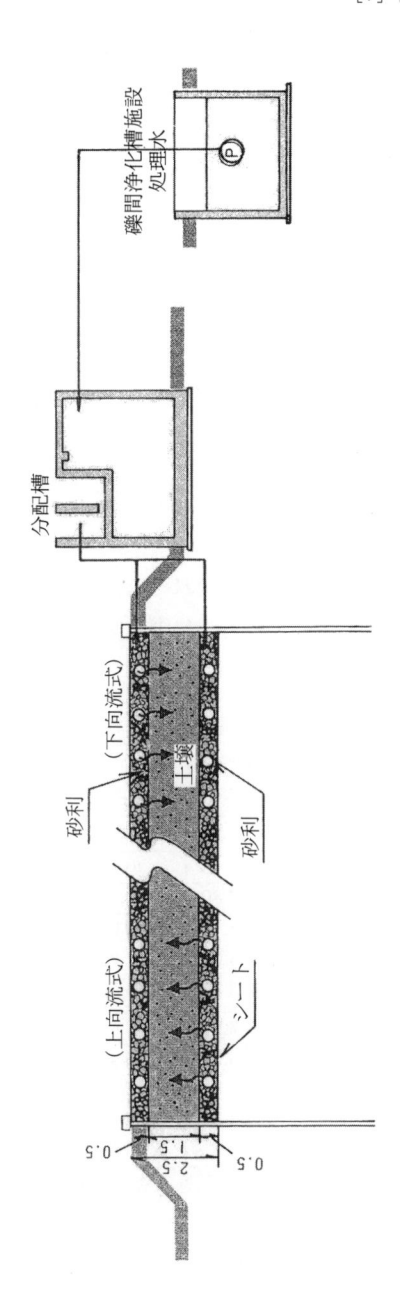

図7.4 桑納川土壌浸透槽の構造断面図
（千葉県千葉土木事務所・パンフレット）

(2) 維持管理と経費

礫間接触酸化浄化施設の処理水を土壌浸透槽に導水するための揚水ポンプと，構造断面図に示した分配槽でのブロワーの運転費として，合わせて年間約100万円である。

維持管理は，礫間接触酸化浄化施設の取水口に取り付けてある自動集じん機でかき揚げたゴミ類（約1～2トン）を週一回程度の頻度で不燃物と可燃物に分け，施設の敷地内に仮り置きした後，産業廃棄物として処理・処分するが，この委託費が年間約500万円である。

(3) 浄化効果

1) 礫間接触酸化浄化施設

表7.6は，施設改良工事前の昭和62年6月～昭和63年3月（調査回数：19回）および平成2年2月～3月（調査回数：4回）のそれぞれの期間に行った調査に基づく水質の平均の濃度と除去率を示している。処理水量は，平均で計画処理水量の85％相当の$0.72 \, m^3/sec$であった。

表7.6 桑納川礫間接触酸化浄化施設改良工事前の水質と除去率

採水地点	SS (mg/ℓ)	BOD (mg/ℓ)	T-N (mg/ℓ)	T-P (mg/ℓ)	調査期間 (調査回数)
ラバー堰上流100 m	13	13	7.43	0.87	昭和62年6月8日
礫間施設流入水	9	11	7.80	0.85	から
礫間施設放流水	7	9.1	8.10	0.94	昭和63年3月21日
除去率1 (%)	30.7	15.3	▲5.0	2.30	(19回)
除去率2 (%)	22.2	17.2	▲3.8	▲10.5	
ラバー堰上流100 m	15	10	7.2	0.45	平成2年2月8日
礫間施設流入水	8	8.2	6.3	0.48	から
礫間施設放流水	6	7.0	6.6	1.18	平成2年3月13日
除去率1 (%)	47.7	18.0	12.5	▲6.7	(4回)
除去率2 (%)	25.0	14.6	▲4.8	▲45.8	

（千葉県千葉土木事務所資料より作成）

〔備考〕
1. 水質および除去率：調査期間平均
2. ▲：付加率
3. 除去率1：ラバー堰上流100 m間における除去率
4. 除去率2：礫間接触酸化浄化施設の除去率

SSは，巨視的には，礫間施設内で施設完成後の年数，季節に関係なくほぼ同程度の除去がみられるが，計画処理水質 (5 mg/ℓ) は達成していない。一方，ラバー堰上流の河道部との比較では，前述の事例における大堀川の礫間接触酸化浄化施設と同様，礫間施設内に比べ確実に高い除去率を示し，ここでも7.1節で述べた河川浄化技術の一つである堰構築の持つ効果を裏付ける結果となっている。

BODは，河道部と礫間施設内でともに除去率が約16％前後で大きな差はみられない。

T-NおよびT-Pは，この施設では除去対象にならないが，施設を通水することによって放流水が流入水より高い濃度を示している。

一方，表7.7は，調査回数としては，すこぶる少ないが，施設改良約2年半後に行った平成11年12月～平成12年3月 (調査回数：4回) の調査結果に基づく水質の平均の濃度と除去率を示している。

表7.7 桑納川礫間接触浄化施設改良工事後における流入・放流水の水質濃度と除去率

採水地点	SS (mg/ℓ)	BOD (mg/ℓ)	T-N (mg/ℓ)	T-P (mg/ℓ)	調査期間 (調査回数)
礫間施設流入水	13	7.0	7.7	0.50	平成11年12月20日から
礫間施設放流水	4	3.2	6.5	0.36	平成12年3月2日
除去率 (%)	69.2	54.3	15.6	28.0	(4回)

〔備考〕　　　　　　　　　　　　　　　(千葉県千葉土木事務所資料より作成)
水質濃度および除去率：調査期間平均

SSは，浄化施設にとって冬季の厳しい条件にもかかわらず，施設内 (改良後の取水は，ラバー堰を撤去してポンプで行っている) で約69％，BODは約54％の除去率，しかも放流水濃度はそれぞれ4 mg/ℓ，3.2 mg/ℓと，処理水放流先の水域に該当する環境基準 (SS：100 mg/ℓ以下，BOD：8 mg/ℓ以下) を十二分に満たしている。そして，さらには，SSの除去効果に伴い生じた結果と思われるが，除去し得ないはずの窒素およびりんまでが除去されている。

2) 土壌浸透浄化施設

表7.8は，施設改良工事前の平成2年2月～3月の間に行った4回の調査に基づく水質および除去率の平均を示している。

当該施設は，主として土壌の持つ吸着作用によってりんを除去する浄化施設であるが，結果は約47％の除去となっている。また，この他の水質として窒素は増えているが，SSは17％，BODは43％，溶解性BODは30％，そしてCODは41％と，それぞれ除去され，効果のほどが明らかに認められる。一方，改良後の浄化効果については，目づまりなどによって運転がたびたび中止され，その把握にはしばらくの時間が必要である。

表7.8 桑納川土壌浸透浄化施設改良工事前における
流入・放流水の水質濃度と除去率 (平均)

採水地点	SS (mg/ℓ)	BOD (mg/ℓ)	D・BOD (mg/ℓ)	COD (mg/ℓ)	T-N (mg/ℓ)	T-P (mg/ℓ)
土壌浄化流入水	6	7.5	5.3	7.5	6.55	0.70
土壌浄化放流水	5	4.3	3.7	4.4	7.59	0.37
除去率 (％)	16.7	42.6	30.2	41.3	▲15.9	47.1

〔備考〕　　　　　　　　　　　　　（千葉県千葉土木事務所資料より作成）
1. ▲：付加率
2. 調査期間：平成2年2月8日～3月13日
3. 調査回数：4回
4. D・BOD：溶解性BOD (口径約1μmのろ紙でろ過したろ液のBOD)

(4) 問題および課題

礫間接触酸化浄化施設の問題と課題については，先に事例として紹介した大堀川礫間接触酸化浄化施設の場合とほとんど同様のことがいえるが，なかでも，ともに大きな問題となるのは維持管理におけるごみの回収である。

桑納川における礫間施設での調査結果をみると，昭和61年9月29日から昭和62年12月3日の間に回収された総ごみ量は26,230ℓであった（ごみの回収には容量が100ℓのプラスチックの容器が用いられているので，単位はℓで表されている）。そしてその内訳は自然・農業ごみ（草，枯れ葉，木枝など）が20,840ℓ，可

燃ごみ (木片, 生ごみ, ビニールなど) が3,240ℓ, そして不燃ごみ (空き瓶, 空き缶など) が2,150ℓと, 自然・農業ごみが全体の約80％を占めている (千葉県千葉土木事務所で聞き取り)。

このことは, 実際, 大堀川の礫間接触酸化浄化施設での著者による観察でも確認されていることであり (著者は大堀川礫間接触酸化施設に比較的近いところに住み, 大堀川は日常の散歩コースである), 今後, 農地からの発生ごみ (市場に出荷できない農産物, 未熟作物, ビニールハウス用材など) の処理・処分 (川への不法投棄は法で禁じられている) については, 何らかの行政指導の強化が必要と思われる。

最後に, 土壌浸透浄化施設の問題については目づまりと土地の確保がある。たとえば, 生活雑排水の処理として設置した土壌トレンチでは, 1人1日あたりの使用水量を200ℓとして, その設置に必要な土地面積は標準で$4m^2$である。しかし, 実際には, 目づまり対策のため切り替え用のトレンチを同時に設置するため, 結局, 1人あたりの土地面積は$8m^2$を必要とする。このことからすると, 河川の浄化技術としての土壌浸透は, 浄化水量の莫大さからしても, 土地確保も含め, まだ課題が残る技術のように思われる。

なお, この技術に関連して, 最近, 建設省近畿地方建設局・滋賀県・水資源開発公団関西支社は共同で水質浄化に関する技術的知見を得るため琵琶湖・淀川水質浄化共同実験センター (平成6年度着手, 平成9年7月完成) を設立し, センター内でヨシ植栽方式浄化, 酸化剤を用いた底質改善, 多自然型水路浄化, 土壌浄化などの16種類の実験を実施している。そしてこの中で平成8年度から開始された土壌浄化実験では土壌層内の閉塞状況およびろ材の変化についての調査を行い, このほど, 土壌浄化施設に適した層構造 (土壌, 層構成, 層厚), 維持・運転方法 (通水速度, 通水方法, 通水方向) およびろ材の寿命について[35)〜37)], その結果の一部が報告されたので参考にしてほしい。

7.7 接触ろ材接触酸化

　この技術における浄化の原理は，前節で述べた礫間接触酸化とほとんど同様である。要するに汚濁物質が接触ろ材の間を通過する際に接触して沈殿・吸着される「接触沈殿」，また接触ろ材に付着し増殖した微生物の生物膜によって有機物質が分解無機化される「接触酸化」の2つに基づいているが，異なる点は

1. 生物膜の付着材質が礫に代わって，プラスチック，セラミック，塩化ビニリデン系やポリエステル系の化学繊維などを素材にして，いろいろな形状に加工した人工的な接触ろ材が使われていること
2. 礫間接触酸化の場合，流入水のBOD濃度によって礫充填槽にばっ気装置を具備した方式（目安としてBODが約 30 mg/ℓ 以上）と，装置のない方式（30 mg/ℓ 以下）の両方があるが，接触ろ材接触酸化ではほとんどがばっ気装置を備えていること
3. 施設は，基本として汚泥貯留槽，沈砂槽，流量調整槽，ばっ気装置を備えた接触ろ材充填槽（好気性ろ床槽），沈殿槽の5槽から構成されていること

である。

　特に，接触ろ材については，次章で詳述するように，形状や材質を含め，実に多種多様であるとともに，それらはそれぞれに特許製品であったり，また登録商標されていたりする。しかし，河川水等の比較的多量の水量を処理している浄化施設で使用されている接触ろ材をみると，種類はかなり限られ，千葉県の事例では，ポリ塩化ビニリデン系繊維を素材としたひも状接触ろ材が圧倒的に多い。その使用施設数は平成7年7月現在で稼働している36浄化施設（4.2節参照）のうち14施設，そして処理水量は平均で 900 m^3/日（最小 300 m^3/日～最大 4,600 m^3/日）である。

　以下では，これら施設の中で処理水量がもっとも多い千葉県船橋市高根川接触ろ材接触酸化浄化施設を事例として紹介する。

事例 高根川接触酸化浄化施設

(1) 施設の概要と維持管理

1) 施設の経緯と概要

当該施設が設置されている高根川は千葉県北西部に位置する船橋市内 (人口：約57万人) を貫流する2級河川の海老川 (流路延長：7.1 km, 流域面積：26.7 km^2) の支流である。かつては主として農業用水として利用されていたが, 昭和36年頃から上流域で大規模な住宅団地などが開発されたことに伴って水質も徐々に悪化し, 利水に難をきたすようになった。

折しも船橋市は水質汚濁防止法により「生活排水対策重点地域」の指定を受け, 平成4年度に「船橋市生活排水対策推進計画」を策定, その中で高根川浄化施設建設が事業化され, 平成4年10月に着工, 平成6年2月に完成し, 同年4月から本格的に運転された。

表7.9は当該施設の概要と諸元, また図7.5は構造断面をそれぞれ示している。

表7.9 高根川接触酸化浄化施設の概要と諸元

◎設置年月	◎浄化方法
・平成6年2月 (稼働：同年4月)	・分離方式固定床接触ろ材接触酸化
◎総事業費	◎接触材
・約9億円	・ひも状特殊担体
(用地買収費2億円を含む)	(ポリ塩化ビニリデン系繊維)
◎計画処理水量	◎取水方式
・4,600 m^3/日	・導水管
◎計画処理水質	◎滞留時間
・BOD (除去率：81.8%)	・約10時間
55 mg/ℓ ⇒ 10 mg/ℓ	(接触酸化槽：約8時間)
・SS (除去率：71.4%)	
35 mg/ℓ ⇒ 10 mg/ℓ	

(船橋市環境保全課資料より作成)

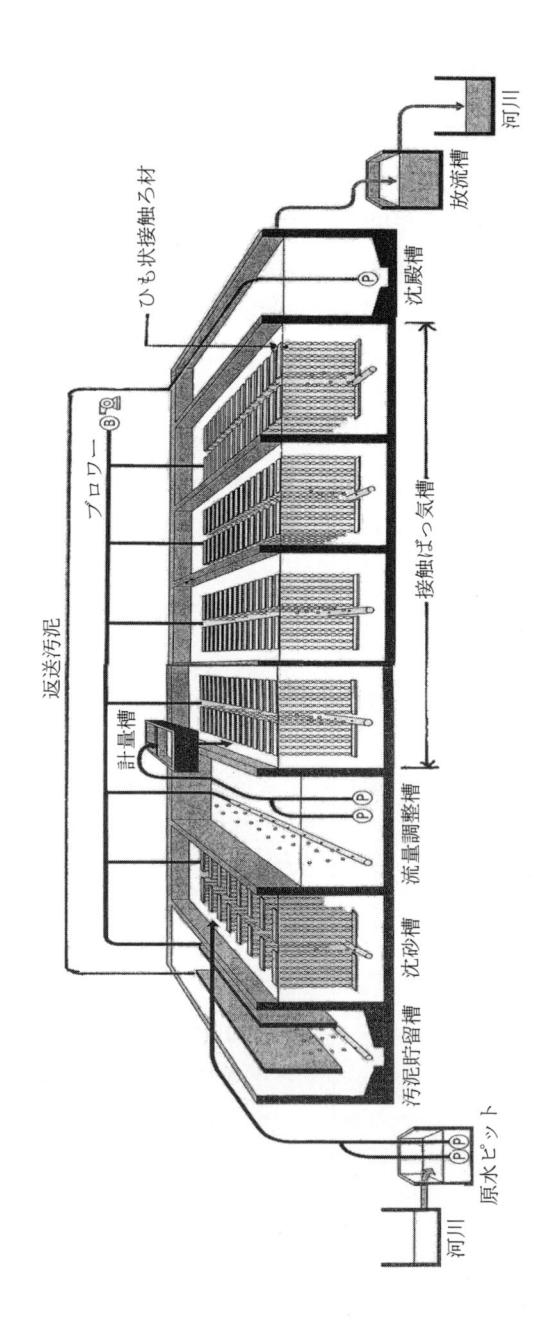

図7.5 高根川接触ろ材酸化浄化施設の構造断面
（鮎橋市・パンフレット）

なお,接触ろ材にはポリ塩化ビニリデン系繊維のひも状のものが使用されている(写真7.4)。

写真7.4 ポリ塩化ビニリデン系繊維のひも状接触ろ材

2) 維持管理と経費

施設運転の基本となる取水ポンプ,流量調整槽の計量ポンプ,ばっ気装置などの電気料として約447万円,またそれら電気設備点検委託費として約17万円がそれぞれ掛かっている。

この他,維持管理には週1回の機械類の監視,河川水取水口のスクリーンに集積したごみ類の回収,夏季の草刈り,水質検査(月2回)などがあるが,すべて委託でその費用は約535万円である。特に,スクリーンに集積するごみの回収は,週に1回行い,それを施設内に仮り置きし,月に1回2トン車でごみ焼却場(委託業者所有)に搬出し処理・処分を行っている。

汚泥貯留槽,沈砂槽および沈殿槽に堆積した汚泥の引き抜きとその運搬については約210万円で委託しているが,その処理・処分は市当局が管理している下水処理場で独自に行っている。汚泥量は月々,また接触ろ材を充填したばっ気

槽内の清掃回数によってバラツキがみられるが，年間で大体800～1,000トンである。

(2) 浄化効果

表7.10は，高根川接触ろ材接触酸化浄化施設の平成10年度および平成11年度における水質濃度と除去率の平均を示している。

表7.10 高根川接触ろ材接触酸化浄化施設の流入・処理水における水質濃度と除去率

		SS (mg/ℓ)	BOD (mg/ℓ)	COD (mg/ℓ)	T-N (mg/ℓ)	T-P (mg/ℓ)
平成10年度	流入水	34 (ND～81)	42 (13～82)	54 (16～73)	10.4 (3.89～17.5)	2.04 (0.78～2.82)
	処理水	4 (ND～15)	8.5 (3.4～17)	16 (7.3～16)	8.15 (5.45～11.9)	1.18 (0.78～2.82)
	除去率(%)	88.2	79.7	70.3	21.6	42.2
平成11年度	流入水	59 (11～230)	48 (14～110)	43 (18～92)	11.9 (7.08～21.2)	2.04 (1.07～3.71)
	処理水	2 (ND～6)	8.2 (5～9.9)	11 (6.3～17)	8.86 (5.09～13.2)	1.03 (0.41～1.40)
	除去率(%)	96.6	82.9	82.7	25.8	49.6

(船橋市環境保全課資料より作成)

〔備考〕
1. 括弧内：(最小濃度～最大濃度)
2. 平成10年度調査：平成10年4月～平成11年3月 (調査回数：月2回の計24回)
3. 平成11年度調査：平成11年4月～平成12年3月 (調査回数：月2回の計24回)

SSは，平成10年および平成11年の処理水でそれぞれ4 mg/ℓ (除去率:88.2％)，2 mg/ℓ (96.6％) であった。

BODは，それぞれの年度で8.5 mg/ℓ (79.7％)，8.2 mg/ℓ (82.9％) と，高根川が合流する海老川の環境基準 (10 mg/ℓ) を十二分に達成している。

また，窒素およびりんについては，礫間接触酸化浄化施設と同様，本来ならば除去できない施設であるが，窒素は2年度平均で約24％，りんは約46％の除去率がそれぞれ得られている。特に，これに関しては，上述の維持管理で述べたよ

うに,汚泥(沈殿したSS成分を含む)の引き抜きとばっ気槽の清掃(接触ろ材から剥離してばっ気槽内に沈殿・堆積した汚泥の引き抜きを意味する)が定期的に行われていることに起因,要するにSS依存の窒素およびりんが除去(粒状態で存在する窒素とりん)された結果といえる。

(3) 問題と課題

浄化施設の維持管理においてもっとも費用が多く掛かるのは,施設がどのような方式および方法であったとしても,不可避的に発生する汚泥の処理・処分である。また,この処理・処分を定期的にキチンと行わなければ,高度の処理水が得られないことも事実である。高根川浄化施設では汚泥の処理・処分はもとより,他の維持管理も十分に行われているため,よい除去率が得られている。

施設の管理担当者は,どこの施設でも同様であるが,口癖のように,「浄化施設の維持管理の中で汚泥の処理・処分は,とにかく費用が掛かりすぎる」という。これは,まさに事実であり,大きな問題と課題である。

高根川浄化施設の場合は,市当局自らが汚泥の処理・処分を行っているので,維持管理費は他の施設に比べかなり軽減されている。仮にこの処理・処分を民間業者に委託するならば(費用は$4\,\mathrm{m}^3$当たり運搬費を除いて標準で約6万円),現在の維持管理費は確実に倍以上に跳ね上がると思われる。

ともあれ,次章で繰り返し強調するつもりであるが,浄化施設を運転する限り,汚泥の堆積は不可避である。そしてこの処理・処分を定期的に行うことができないならば,浄化施設は決して設置すべきではない。維持管理のされていない浄化施設は,社会に背く故意的な汚濁発生源装置であり,決して許されるものではない。

7.8　その他の浄化技術

河川の浄化技術には,いままで紹介した技術のほかに,図7.1に示したように,直接方式および分離方式のいずれにも適用可能とされる水生植物などの植栽や,ヨシ原および湿地の活用,さらには分離方式適用の各種排水処理技術の活用が

ある。しかし，これらの技術に基づく河川浄化の事例については，浄化対象水として，単に河川水を実験的に用いた程度にすぎないのが実状である。むしろこれら技術の適用例については，排水路の浄化において多くの事例がみられるので，次章でそれらの技術が持つ浄化原理，浄化効果，問題，課題などについて詳述することにする。

【文献】

1) 岡本雅美：河川の保護と水利調整, 環境と公害, 24(49), 2-7 (1995)
2) 国松孝男・菅原正孝 (編)：都市の水環境の創造, 技報堂出版, 277pp., 東京 (1988)
3) 第40回河川審議会答申：河川環境管理のあり方について, 昭和56年12月
4) 須藤隆一：水域の直接浄化の意義と展望, 用水と廃水, 32(8), 663-667 (1990)
5) 稲森悠平・林 紀男・須藤隆一：直接浄化法を活用した河川水からの汚濁負荷の削減, 用水と廃水, 32(11), 970-977 (1990)
6) 廣木謙三：水質浄化手法の概要について,「ヘドロ」, No.53, 15-21 (1992)
7) 工業技術会：河川・湖沼・水辺の水質浄化, 生態系保全と景観設計, 研修社・工業技術会, 436pp., 東京 (1993)
8) 湖水域の総合浄化研究会編：湖沼・河川の環境保全技術と総合浄化システム, シーエムシー, 219pp., 東京 (1993)
9) 高橋 裕 (編)：首都圏の水―その将来を考える―, 東京大学出版会, 231pp., 東京 (1993)
10) 建設省土木研究所：河川, 湖沼, ダム貯水池等の浄化手法についての総合的検討, 土木研究所彙法, No.66, 230pp., (1998)
11) 建設省：湖沼水質改善技術適用マニュアル (案), 土木研究センター, 310pp.
12) 渡辺吉男：汚濁河川, 水路の直接浄化技術, 用水と廃水, 40(10), 906-911 (1998)
13) 稲森悠平・西村 浩・須藤隆一：生態工学を利用した水環境修復技術の開発動向と展望, 用水と廃水, 40(10), 855-866 (1998)
14) 底質浄化協会広報委員会：西除川河川薄層流浄化事業,「ヘドロ」, No.53, 25-34 (1992)
15) 楠田哲也：自然の浄化機構の強化と制御, 技報堂出版, 242pp., 東京 (1994)
16) 底質浄化協会：「ヘドロ」, No.57 (1993), No.60 (1994), No.63 (1995), No.66 (1996), No.69 (1997), No.72 (1998), No.75 (1999)
17) 下村八郎：下水処理設備における新材料の活用, 下水道協会誌, 33(406), 31-35 (1996)
18) 長内武逸：礫間接触酸化法による河川水の直接浄化, 用水と廃水, 32(8), 676-685 (1990)

19) 矢野洋一郎：自浄作用を応用した河川の浄化, 用水と廃水, 24(1), 13-24 (1982)
20) 宮地傳三郎・川那部浩哉・水野信彦：原色日本淡水魚類図鑑, 保育社, 462pp., 大阪 (1978)
21) 本橋敬之助：水質汚濁と湖沼利用における経済的損失—漁業を中心にして—, 水処理技術, 38(9), 445-450 (1997)
22) 新見 正・有水 彊：汚水の土壌浄化法研究—総論—, 毛管浄化研究会, 495pp., 東京 (1977)
23) 宗宮 功 (編)：自然の浄化機構, 技報堂出版, 252pp., 東京 (1990)
24) 若月利之・増永二之・増田 賢・白浜松重・善波孝人・原田剛臣：土壌生態系を用いた水質浄化—土壌圏の生態工学—, 用水と廃水, 40(10), 874-882 (1998)
25) 楠本正康・吉田富男：汚水の土壌処理に関する技術指針 (1), 用水と廃水, 29(6), 576-582 (1987)
26) 楠本正康・村上 健・須藤隆一・高木兵治・藤井國博・寺西靖治：汚水の土壌処理に関する技術指針 (2), 用水と廃水, 29(7), 673-679 (1987)
27) 楠本正康・寺西靖治・松本 聡：汚水の土壌処理に関する技術指針 (3), 用水と廃水, 29(9), 861-871 (1987)
28) 國松孝男：土壌生態系における水質保全 (I) —再生水の水田利用—, 用水と廃水, 24(1), 39-48 (1982)
29) 國松孝男：土壌生態系による水質保全 (II), 用水と廃水, 24(1), 61-86 (1982)
30) 稲森悠平・松重一夫・須藤隆一：嫌気性ろ床トレンチ循環処理法による生活排水中の有機物, N, P 同時除去, 「PPM」, 19(11), 19-26 (1988)
31) 大野善一郎：土壌トレンチによる生活排水の個別処理と窒素除去についての2, 3の問題点, 水処理技術, 31(2), 101-107 (1990)
32) 生活排水研究会 (編)：生活雑排水対策実務マニュアル, 公害対策技術同友会, 93pp., 東京 (1991)
33) 千葉県：「印旛沼に係る湖沼水質保全計画」, 平成4年3月
34) 千葉県環境部：昭和61年度・公共用水域水質測定結果, 昭和62年12月
35) 中山 繁：琵琶湖・淀川水質浄化共同実験センターの取り組み, 月刊「水」, 42(11), No.601, 16-23 (2000)
36) 堀野善司・和田桂子・中山 繁・板坂浩和・春木二三男：土壌浄化実験I, 月刊「水」, 42(11), No.602, 26-33 (2000)
37) 堀野善司・中山 繁・板坂浩和・春木二三男：土壌浄化実験II, 月刊「水」, 42(13), No.603, 26-35 (2000)

第8章

排水路の浄化技術と事例

　排水路は（人によっては一般排水路あるいは都市排水路などと称しているが，それらの言葉には，れっきとした区別はなく，個々人が単に便宜的に使用しているようである），その流域からの雨水と各家庭から排出される生活排水を集・排水し，流域住民の生活環境と人命・財産，さらには流域における産業活動などを洪水から保護する機能を第一義としている。このため，この機能を損なう一切の行動は，決して許されることではない。

　排水路の浄化は，このような厳しい社会的規範の中で実施しなければならないことに加え，さらにもう一つ，浄化技術上の問題として排水路の水量および汚濁負荷が人間の生活活動に伴って時間的にかなり変動する。そしてこのことによって浄化施設では，浄化（処理）効果を決定的に支配する微生物の活性が大きく影響を受けることになる。

　しかしながら，施設の維持管理が正しく行われるならば，湖沼および河川の浄化施設にもまして，格段に大きな浄化効果を得ることができる。ここで，繰り返しになるが，いかなる環境問題といえども，その抜本的対策は発生源対策である。もし，それが不可能であるならば，出来る限り発生源に近いところで対策を講じるのが最善であり，基本である。このことは，浄化のための費用軽減のみならず，より良い効果をもたらすことにもつながる。すでに述べたように，今日の水域における汚濁の主な原因は個々の一般家庭からの生活排水にあり，しかもその最初の放流先の多くが排水路であるという現状においては，まさにしかり

である。

　図8.1は，し尿は全戸とも単独処理浄化槽で処理されているが，生活雑排水は未処理のまま放流している23戸建の団地（居住人口：90人）において著者らが昭和58年10月12日12時〜10月13日12時の一昼夜にわたって1時間間隔で行った生活排水量と汚濁負荷量（BOD負荷量）の調査結果を示している[1]。

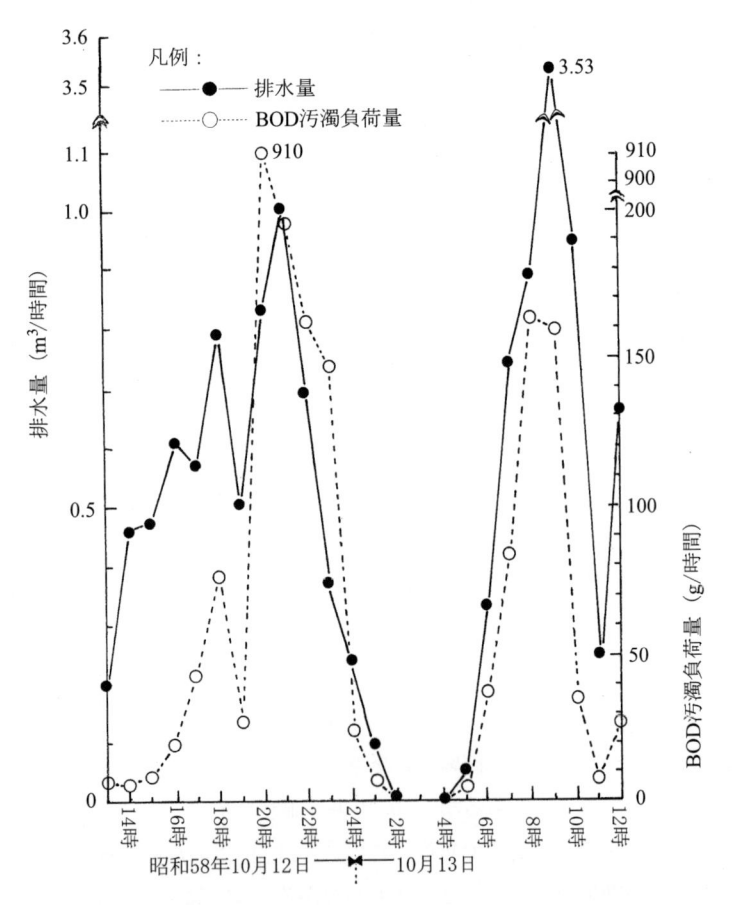

図8.1　生活排水の排水量と汚濁負荷量（BOD）の経時変化

排水量は，これらの調査と併せて行ったアンケートの結果との照らし合わせから，夕食の後片付けと入浴が始まる午後8時～9時，そして朝食のあと片付けと洗濯が行われている午前8時～9時にそれぞれのピークがみられる。しかし，午前1時～4時の間は，ほとんど排水がない。一方，排出汚濁負荷量については，排水量に対応した変動とピークがみられる。

　いずれにしても，排水路の水量は，平水時においてはほとんど生活排水によって占められ，また水質は生活系排水そのものによって特徴づけられるといえる。この意味では，この章で扱う排水路の浄化は，ある面においては生活系排水処理対策の一つとみなすことができる。

　図8.2は，排水路の浄化に関連した文献および報告書などから[2]～[26]，その技術について体系化して示したものである。

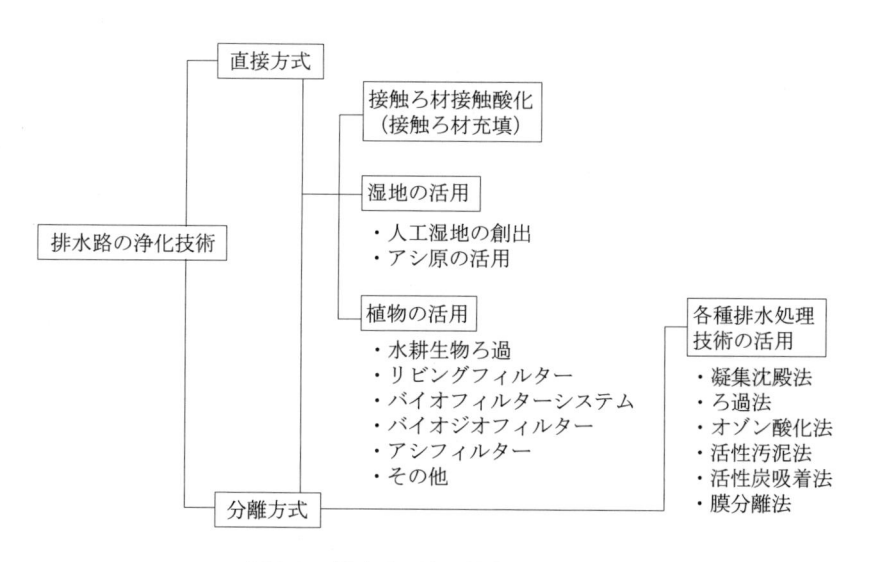

```
排水路の浄化技術 ─┬─ 直接方式 ─┬─ 接触ろ材接触酸化（接触ろ材充填）
                  │             ├─ 湿地の活用
                  │             │    ・人工湿地の創出
                  │             │    ・アシ原の活用
                  │             └─ 植物の活用
                  │                  ・水耕生物ろ過
                  │                  ・リビングフィルター
                  │                  ・バイオフィルターシステム
                  │                  ・バイオジオフィルター
                  │                  ・アシフィルター
                  │                  ・その他
                  └─ 分離方式 ─── 各種排水処理技術の活用
                                     ・凝集沈殿法
                                     ・ろ過法
                                     ・オゾン酸化法
                                     ・活性汚泥法
                                     ・活性炭吸着法
                                     ・膜分離法
```

図8.2　排水路の浄化技術とその体系

　浄化方式は，第6章の湖沼や第7章の河川の浄化と同様，直接および分離の2方式があるが，直接方式は，上述の排水路の果たす役割および機能からして，実際には，特別な事情がない限り，導入すべきではないと考えた方が無難である。

もちろん，浄化技術の中には，直接方式を念頭において開発されたものもあるが，これも分離方式で対応が可能である。ただ，問題は，排水路では，浄化施設を設置する水路敷が河川敷とは異なり，多くの場合，非常に狭いため，施設の建設費以上に土地の確保に多大な費用が掛かり，現実には，排水路の治水機能を損うことのない程度で小規模の施設を設置しているところがほとんどである。このため，浄化効果は，往々にして期待に足るものではなく，むしろその設置は地域住民の水質汚濁に対する意識の高揚と啓発などを目的とした意味あいがきわめて強いといえる。

　千葉県内において都市排水路などで設置された浄化施設は，4.2節で述べたように，平成7年7月現在で36基 (5施設廃止分を含む) である。このうち直接方式による施設数は16基で (栗石，セラミック，人工芝などを接触ろ材として排水路に充填した簡易的な浄化施設)，全体の約半数を占めていた。しかし，それらの大部分は下水道の整備，維持管理費の削減とそれに対処する人手不足などによって廃止されたり，撤去したりして，平成12年末現在，正常に稼動している施設は数基にすぎないが，当時の施設における運転状況をみると，維持管理は全体的に不十分であり，浄化効果は (文献[27])に詳しい)，決して満足できるものではなかった。

　特に，維持管理に関連しての大きな問題は，以下に紹介する事例の中でしばしば言及するように，施設規模の大小にかかわらず，施設内に不可避的に堆積する汚泥の処理・処分であった。もし，この処理・処分を第三者に委託 (産業廃棄物扱いとして) するならば相当の経費を必要とする (7.7節における事例参照)。またこれを施設管理担当機関自らが行う場合には，維持管理費は軽減できるが，逆に人手の確保という問題に直面することになり，いずれにおいても大きな負担を負うことになる。

8.1 接触ろ材接触酸化

8.1.1 接触材，接触ろ材およびろ材の用語

　河川および排水路の浄化に関連する文献等の中で，何々の"接触材"を用いた浄化法とか，何々の"接触ろ材"を用いた浄化法，また何々の"ろ材"による浄化法，という表題に接する機会が多々ある。しかし，多くは，それらの用語が明確に区別されることなく，漠然と用いられているようである。たとえば，7.6節で河川浄化技術の一つとして取り上げた礫間接触酸化における"礫"は，果たして"接触材"なのか，"接触ろ材"なのか，それとも単に"ろ材"なのか，言葉の使い方の選択にはかなりの戸惑いを生じる。

　これに関連して，生活系排水処理における業界や分野では，ろ材と接触材について

1. ろ材：汚水の生物処理施設に用いる微生物の保持体
2. 接触材：接触ばっ気槽内に用いる微生物の保持体

と区別し，接触材という言葉は狭義の意味として用いられているようである[28]。

　この区別については，今日の排水路における浄化技術が生活系排水処理技術の進歩に追従するところが少なくないことから，水域の浄化技術の分野においてもそのまま適用して何ら不都合は生じないものと考えられる。また一方では，接触ばっ気槽内での汚水処理といえども，本質的には生物学的処理＊であること，またばっ気の有無にかかわらず，接触沈殿は浄化作用の重要な役割を担っているということの二つの観点から，単に"接触ろ材"という一つの用語に統一して言い表すことも可能といえる。しかし，実際には，接触ろ材を用いた生物処理でばっ気を行うかどうかは，水処理技術上，非常に重要な条件であり，その違いを技術用語の中で十分に区別し，明確にしておくことが必要であると思われる。

　　＊生物学的処理：排水処理に生物を利用する方法で，大きくは，酸素のある条件下で繁殖する好気性菌により汚濁物質を酸化分解する"好気性処理"と，酸素のない条件下で嫌気性菌により汚濁物質をメタンガス，炭酸ガス，水素などに還元分解する"嫌気性処理"がある。前者は間欠砂ろ過法，散水ろ床法，活性汚泥法で用いられ，後者は活性汚泥の消化処理，パルプ排水の処理に用いられている[29]。

このような考えから，以下では接触ろ材を用いた浄化技術に関連した用語として

1. 接触ろ材：酸化処理および還元処理にかかわらず，浄化施設に用いる微生物の保持体
2. 接触ろ材接触酸化法：ばっ気装置を具備した処理槽で接触ろ材が用いられ，その槽が浄化施設の主体となっている技術
3. 接触ろ材充填法：ばっ気装置がない処理槽で接触ろ材を張り付けたり，積み重ねたりなど充填して，その槽が浄化施設の主体となっている技術

の定義をもってそれぞれ区別し，話を先に進めることにする。

8.1.2 接触ろ材の特性と種類

接触ろ材を用いた技術による浄化原理は，7.6節の礫間接触酸化および7.7節の接触ろ材接触酸化の技術と同様，基本的には物理学的な「接触沈殿」と生物化学的な「接触酸化」に基づいている。このことから，接触ろ材は接触沈殿の効果に加え，好気性条件下で酸化分解，あるいは嫌気性条件下で還元分解に関与する微生物が付着・増殖しやすい性質を有することが重要となる。そしてその条件としては

- 生物膜の付着性が良く，保持量が多いことと同時に，すぐに閉塞したり剥離しないこと
- 空隙率と有効表面積が大きいこと
- 水抵抗が小さく，処理水との接触効率が良いこと
- 化学的・生物学的に安定で変質せず，機械的強度も十分で，坐屈，破壊，摩耗を受けず，長期使用に耐えること
- 浮遊物の捕捉性が高いこと
- 有害物質の溶出がないこと

- 水と大きな比重差がなく,水中構造物や槽底に大きな荷重を与えないこと
- 安価で輸送や施工が容易であること

などが指摘されている[30]〜[32]。

表8.1は,各地の排水路で設置されている接触ろ材酸化浄化施設および接触ろ材充填浄化施設において用いられている接触ろ材の種類を最新のものも含め形状から分類して示している[27][30]。

表8.1 接触ろ材の形状と種類

形　状	種　類
粒状不定形 (形状不均一)	栗石,砕石,コークス,かき殻等の貝殻,木片,砂利,木炭,セラミックなど
成型粒状 (形状均一)	インタロックサドル,ポールリング,パイプ片など
棒状・ひも状	木棒,枝篠,モジュール,バイオツインレース,不織布,リングレースなど
平板・波板	木板,プラスチック板,ハニカム,合板など
有孔体	ハニカムチューブ,ネットパイプ,ヘチマロン,リング,多孔性円筒など
マット状	サランマット,ヘチマロン,パームロックなど
芝状	人工芝など
その他	空き缶,プラスチック容器など

〔備考〕種類の一部は商品名で表示　　　　(文献[27][30]に一部加筆)

一方,これらの接触ろ材を利用した浄化施設における基本条件としては

- 光りは遮断すること
- 水路内での流速は,1〜5 cm/秒程度にすること
- 滞留時間は,最低1時間は確保すること
- BOD濃度が30 mg/ℓ以下で可能な限り低負荷で運転することが望ましいが,高負荷の場合はばっ気装置を組み込む必要があること

- 水深によって使用する接触ろ材は異なるが,ひも状は10 cm以下,波板状プラスチック材は30 cm以下で使用すること

などが室内実験および水路実験の検討結果から得られている[7)33)34)]。しかし,これらの条件を十分に満たす浄化施設を実際の排水路に設置したとしても

- 雨が多量に降って増水すると,浄化はほとんど期待できないこと
- 悪臭およびユスリカ,チョウバエ等の衛生害虫の発生が認められるので覆蓋する必要があること
- 水温が浄化に著しく影響するので寒冷地では通用しないこと
- 硝化,脱窒を促進させるため高い水温が必要であること

などの事態をあらかじめ念頭に置き,いつでも対処できるようにしておく必要がある[4)33)34)]。

8.1.3　接触ろ材を用いた浄化技術の原理

この技術の浄化原理は,上述したように汚水中の汚濁物質(主としてSS成分)が接触ろ材との接触により沈殿したり,また吸着されたりする「接触沈澱」と,接触ろ材に付着した生物膜による分解無機化に基づいている。この分解無機化に関与する生物は,好気度条件によって異なる。

好気条件下の浄化において酸化分解に関与する生物は,細菌,菌類,藻類,原生動物,微小後生動物(輪虫類,微小貧毛類)など混合微生物群である。中でも微小後生動物で凝集体摂食者の *Aeolosoma hemprichi*, *Nais* sp., *Pristina* sp. などの貧毛類(水生ミミズ類)および *Philodina* sp., *Rotaria* sp. などの輪虫類が多量に増殖した時には,浄化能力が一段と高まることが報告されている[35)36)]。また嫌気条件下での嫌気性菌による還元分解には,酸化分解でのそれらとはかなり様相が異なり,微小後生動物の出現はみられず,酸化還元電位の低いところを好む *Metopus*, *Colpidium*, *Caenomorpha* などが関与するとされている[35)]。

いずれにしても，接触ろ材を用いた排水路の浄化は，以上に述べたように，浄化効率や維持管理を含めて技術的にいろいろな制約と施設の運転条件があり，想像以上に容易ではないといえる。

以下では，4.2節で紹介した千葉県内の排水路等で，かつて設置されていたが，現在は廃止されている，または今なお継続して運転されている，さらにはごく最近，新たに設置された最新の浄化施設の中から，いろいろな接触ろ材を用いた浄化施設を選定して事例として紹介する。

しかし，それらの接触ろ材の中には，今はほとんど利用されていない，また生産が中止されているものなども含まれているが，それらを用いた浄化施設の維持管理における問題と課題については，接触ろ材の形状や種類に関係なく，非常に共通するところが多いといえる。このため，現在，接触ろ材を用いた浄化施設を管理している方々や，維持管理のし方に戸惑いを持っている方々には，大いに参考になるものと思われるので，事例として取り上げることにした。

なお，ここで事例として紹介するそれぞれの施設の仕様，維持管理の内容とその経費，浄化効果などについては，すでに著者らの執筆による図書等（本書で取り上げた事例以外に多くの水質浄化の実施事例を紹介）で詳述しているので[11)~13)27)]，参考にしてほしい。

ここでは，最近の新しい浄化施設のそれらについてのみ詳述し，その他は概略程度に止めておくことにする。

事例1　Y市西幹線排水路接触酸化浄化施設（分離方式）

(1) 施設の概要と維持管理

1) 施設設置の経緯

Y市は千葉県の最東部に位置する人口33,012人（平成11年現在）の小都市であるが，下水道は整備されていない。市民の生活排水の処理形態をみると，全人口の24.1％に相当する7,957人は合併処理浄化槽で処理しているが，44％に相当する14,658人は単独し尿処理浄化槽，そして10,397人はくみ取りで，全人口の75.9％に相当する25,055人は生活雑排水未処理人口となっている（Y市環境課聞き取り）。そしてこれらの浄化槽からの処理水と未処理の生活雑排水は市内

の二つの幹線排水路に集められ大利根用水路(用途:農業用水)に放流しているが,最近,農業従事者から悪臭,汚濁についての強い苦情がでるようになってきた.

このような事態に鑑み,市当局では,当分の間,幹線排水路に浄化施設を設置して対処することとして,平成11年度にはその手始めとしての試験施設を設置した.今後は,この施設の様子をみながら,市内にある大小の排水路に順次浄化施設を設置する計画を立案している.

2) 施設の概要

表8.2は当該施設の概要と諸元,図8.3は構造断面をそれぞれ示している.

この施設は,最近,千葉県内で設置されたもっとも新しい施設であるとともに,千葉県が県内に立地する水処理部門を有する企業と共同開発した水質浄化システムによる施設の第1号機である.このシステムは,BOD,窒素およびりんの同時除去を目指して開発されたものであるが[20],実際に設置した施設は市当局の要望により,りん除去を除く,BODと窒素(硝化液循環方式による除去システム)の除去を行う構造となっている.しかし,その後,さらに市当局の事情によってBODのみの除去要望となり,現在は,図8.3に示した脱窒槽を兼ねる計画であった嫌気性ろ床槽は,ばっ気を行い好気槽として利用している.

表8.2 Y市西幹線排水路浄化施設の概要と諸元

◎設置年月 ・平成11年3月(運転:4月)	◎浄化方法 ・分離方式固定床接触酸化
◎総事業費 ・約3,500万円	◎接触ろ材 ・ひも状特殊担体(ポリプロピレン系繊維)
◎計画処理水量 ・100 m^3/日	◎取水方式 ・ポンプ
◎計画処理水質 ・BOD(除去率:80%以上) 100 mg/ℓ ⇒ 20 mg/ℓ	◎滞留時間 ・約20時間 (接触酸化槽:約14時間)

(Y市都市課資料より作成)

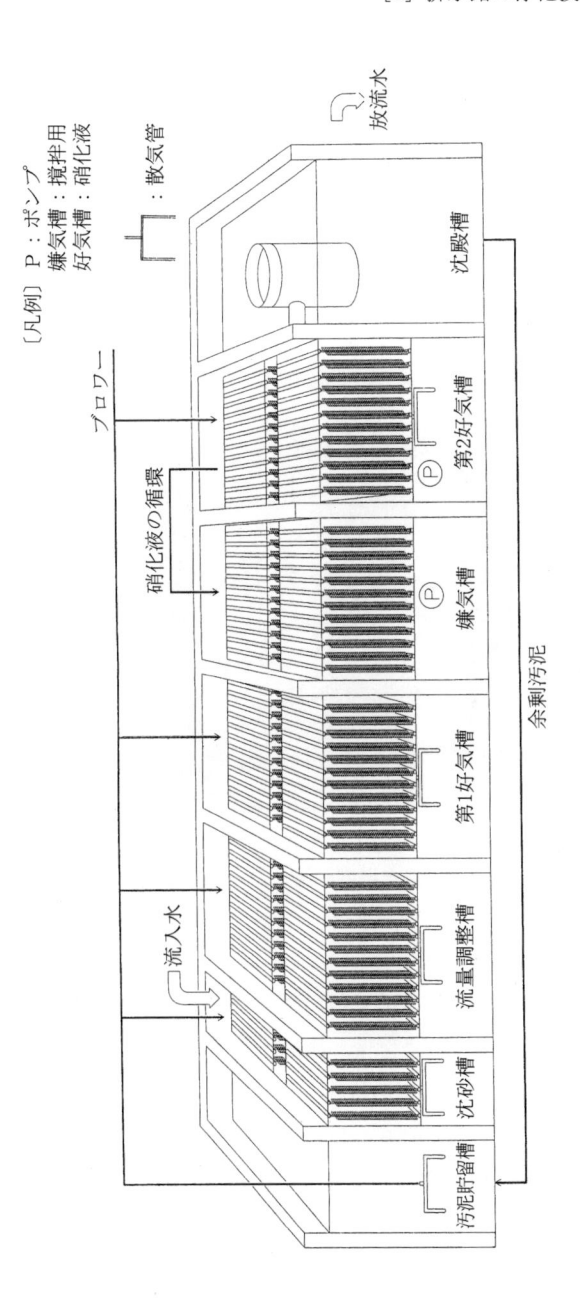

[8] 排水路の浄化技術と事例　**149**

図8.3　Y市西幹線排水路浄化施設の構造断面

一方, ばっ気槽に充填した接触ろ材は, 水質浄化システム技術と同時に共同開発して製品化されたポリプロピレン系繊維を素材としたひも状特殊担体 (名称: バイオツインレース) である[37]。特に, このろ材は, 全国的に問題視されている環境ホルモン物質のダイオキシンとは関係のない素材を利用していること, そして生物膜の多量付着による形状変化とそれによる生物膜の剥離が生じにくいことを条件として開発されたものである (写真 8.1)。

写真 8.1 ポリプロピレン系繊維のひも状接触ろ材
(千葉県と県内企業との共同研究開発)

3) 維持管理と経費

維持管理でもっとも経費が掛かるのは, 取水, 流量調整, 砂泥引き抜きおよび消泡のためのポンプ, そしてばっ気槽と流量調整槽のブロワーのそれぞれの電気料で, 合わせて年間約 80 万円である。

この他には, 機器類および制御盤などの月 1 回の点検と取水口のごみ清掃が年間約 42 万円, そして年 3 回の汚泥の処理・処分が約 58 万円で, それぞれ委託費である。

(2) 浄化効果と問題点

表8.3は，平成11年度および平成12年度の半ばまでの調査結果に基づく水質濃度と除去率の平均（最小～最大）を示している。

表8.3 Y市西幹線排水路浄化施設における水質濃度と除去率の平均（最小～最大）

		SS (mg/ℓ)	BOD (mg/ℓ)	COD (mg/ℓ)	調査期間 (調査回数)
平成11年度	流入水	33 (13～180)	95 (17～250)	59 (19～160)	平成11年7月23日から平成12年3月16日 (18回)
	放流水	2 (0～6.4)	7 (0.8～19)	15 (8.0～36)	
	除去率 (%)	91.7 (50～100)	91.8 (50～96.1)	74.6 (51.5～87.9)	
平成12年度	流入水	39 (4～190)	49 (7.5～160)	41 (18～73)	平成12年4月13日から平成12年8月23日 (6回)
	放流水	5 (0～8)	8.8 (4～16)	13 (8.4～19)	
	除去率 (%)	87.1 (31.6～100)	82.0 (25.3～90.0)	67.5 (27.8～77.9)	

(Y市環境課資料より作成)

まず，結果を述べる前に平成11年度における流入水の水質の最小および最大の濃度差をみると，SSは167 mg/ℓ，BODは233 mg/ℓ，そしてCODは141 mg/ℓと，すこぶる大きい。これは，上述したように，当該市には下水道が整備されていないため，住民の生活系排水や多種にわたる工場，事業場からの排水すべてが，それぞれの時間に応じた活動にともなって直接排水路に断続的に放流されているからである。

このような状態は，一般的には，生物処理を基本とする浄化施設の運転においてもっとも厄介で最悪な条件である。しかし，この施設でのSSは除去率が両年度とも90%前後，またBODは計画除去率（80%以上）をはるかに越え十分に処理されている。これは，当該施設での維持管理が十分に行われている結果であり，今のところ特別な問題や課題は見当たらない。

事例2　人工芝充填浄化施設（直接方式）

　この施設は，接触ろ材として毛足長が3cmのナイロン製人工芝を用いて，既設の3面コンクリートの排水路床に直接張り付け，止め板（鉄製，ステンレス製など）でボルト止めしてある。

　人工芝による浄化原理は，主として汚濁物質（SS成分）が芝状の毛足間を通過する際に捕捉され，ろ過されることに加え，毛足に付着した生物膜による生物酸化である。

　千葉県内では，かつて6カ所の排水路で設置されていた。これらのうち1基はばっ気装置付きの施設であり（人工芝充填浄化水路延長：400m，事業費：2,100万円），そして残りの5基はばっ気なしである。施設の事業費および浄化水路延長（人工芝充填水路）は，それぞれ平均で1,105万円（最低895万円～最高1,205万円），約260m（最小150m～最大400m），また浄化水路単位当たりの平均工事単価は約4万円/mであった。

　この施設の維持管理における大きな問題は，沈殿，ろ過によって人工芝の毛足間に堆積したSS成分（汚泥）と，毛足に増殖した付着藻類や微生物群による過剰の生物膜の除去，要するに施設の清掃である。この作業は，通常，デッキブラシまたは高圧洗浄で行い，洗い流した汚泥をバキューム車でくみ取り，第三者に委託あるいは施設管理者自らが処理・処分している。たとえば，同種の施設を設置したY市須久茂都市排水路での例をみると[27]，清掃は2週間に1回（2日間で延べ8人で行う）の割合でデッキブラシを用いて行っている。この1回の清掃によって発生する汚泥発生量は約16～20トン（浄化水路1m当たりの発生汚泥量は40～50kgと推算），そしてその処理・処分は市が管理する衛生センターでし尿と一緒に行っている。

　最後に，人工芝を用いた浄化施設の設置や維持管理等に関して留意すべき点としては

- 降雨時に土砂等が直接施設内に流出するような場所での設置は避けること
- 上流からの流出土砂等が施設に直接堆積するのを避けるため，施設の上流部には沈砂槽を設けること

- 汚泥の清掃の際に排水路の機能を損なうことがないように，排水路をコンクリートブロックなどで2分（清掃時に片側をバイパスとして利用）した形で設計し，また下流部には清掃で発生した汚泥を除去しやすいように沈殿槽を設けておくこと
- 汚水はできる限り水深を浅くして，人工芝と接触しやすいように自然流下させること
- 降雨時には上流からの土砂の流出により人工芝が埋没する恐れがあること
- 汚泥による目づまりが即刻浄化効率に影響するので，清掃は他の浄化施設に比べかなり頻繁にすること
- 浄化効果については，維持管理の経費や人手の割合からみて，疑問があること（特に，これについては施設管理部局担当者の聞き取り調査での多数意見）

などである。またこれらの留意事項は，接触ろ材の種類や形状を問わず，排水路に積み重ねたり，並べたり，張り付けたりなどをした直接方式自然流下型の接触ろ材充填浄化施設に共通していえることである。

事例3　礫充填浄化施設（直接方式）

　この施設は，礫（割り栗石など）を既設の3面コンクリート排水路に直接充填しただけであるが（数段程度に積み重ねて並べたり，均敷したり），浄化の原理は，基本的には7.6節の河川浄化技術の礫間接触酸化と同様である。

　千葉県内には，現在，木炭と併用して充填した施設が1基のみ残っているが，かつては礫を排水路に重ね並べただけの直接方式自然流下型の施設が7カ所の排水路で設置されていた。事業費は1基当たり平均で369万円（最低139万円〜最高1,550万円），礫充填水路延長は97m（最小66m〜最大150m），そして単位当たり（m）の建設単価は人工芝より幾分安い3,800円であった。

　この施設の維持管理上における問題は，上述の人工芝充填施設と同様，施設内に不可避的に堆積する汚泥や礫に付着して増殖した藻類などの清掃とその処理・

処分であり，特に礫の清掃は人工芝に比べ労力を必要とする。その手順を見ると，清掃には高圧洗浄機を利用するが，礫は一個ずつ取り出して洗浄し，また並び替えるというように，作業はすこぶる大変である。

なお，この施設を設置する際における留意点は，基本的には上述の人工芝充填施設の場合とほぼ同様である。

事例4　木炭充填浄化施設（直接方式）

木炭を利用した水質浄化は，東京都八王子市内を流れる小仏川・案内川・南浅川の水質を守るため浅川周辺住民による側溝での浄化実験に端を発し[38]，全国的に広がり[39]，いまでは住民による水質浄化の定番になっている感がある。

木炭は素材となる原木の種類（くぬぎ，なら，から松など）によっていろいろな特質を持つが，接触ろ材として水質浄化に適した木炭は，700°C前後の中温度で炭化され，pHが弱アルカリ性を示し，また微生物の栄養源になるカリウム，カルシウムなどのミネラル分が多く，そして微生物が着床しやすいような窪みの多いものが良いとされている[40]。

この木炭による浄化の原理は，基本的には活性炭を利用した上水，下水，工業用水および事業場排水の処理技術と同様，吸着である。このことから，水質浄化での木炭利用にあたっては，活性炭による水処理と同様

- 汚水中のSS分は有機物，無機物を問わず，前もって除去しておくこと
- 汚水中の溶解性有機物の濃度が高い場合は，他の処理法によってそれらの濃度を低下させること

の条件を整えておくことが前提となる[41]。しかし，実際に設置されている木炭充填浄化施設をみると，このような前提条件を満たす対策や設備などがほとんどなく，ただ単に木炭を排水路に充填しているにすぎない。

千葉県内には，木炭および竹炭を蛇かごやビニール製の網袋に入れて排水路に直接充填した浄化施設がそれぞれ2施設ずつあるが，1基を除き（上述の事例3における礫を併用した施設を指す），残りの3基は設置後放置もしくは撤去されている。理由としては，実験レベルの結果でもみられるように[42]，目づまりで

[8] 排水路の浄化技術と事例　**155**

ある。実際, この目づまり現象は水質にもよるが, 一般的には木炭の充填後かなり早い時期に生じるようである。

これに関しての実例であるが, かつて千葉県のI市環境部がTダム湖に流入する河川の支流で簡易の木炭充填浄化施設を設置したことがある。これについて, M新聞はダム湖の水質浄化に非常に大きな期待がもてると絶賛して報道した (記事：M新聞, 平成5年7月29日朝刊)。しかし, 2カ月後にA新聞はその施設について,「設置直後は一定の効果もみられたが, 日を重ねるにしたがって目づまりを起こし, 木炭を頻繁に交換しなければ効果が保てない」ことを報道 (記事：A新聞, 平成5年7月29日朝刊), そして施設担当者の「(木炭浄化は) 思ったよりはるかに大変だ」という談話で締めくくっている。その施設は報道後, すみやかに撤去されたというが, これは木炭による水質浄化の現実を如実に示しているといえる。

いずれにしても, 木炭を使用した浄化技術は, SSや有機物濃度が比較的低い用水, または他処理施設との併用による高度処理などには有用と考えられるが, 生活排水で汚濁した実際の排水路の直接浄化には, 現在のところ, 実用化には多

写真 8.2　礫 (砕石) と併用の木炭充填浄化施設

少ならず難がある。むしろ，この種の浄化施設は地域住民の環境学習や水質汚濁に対する意識高揚と啓発を図るビジュアル的モデルの一つと考えた方がよいように思われる。事実，今なお存続している礫併用の木炭充填浄化施設は（写真8.2），まさにその目的を意図して設置され，環境学習に役立っている実例とみなせる。

事例5　休耕田を利用した波板ろ材充填浄化施設（分離方式）

わが国における米の生産は，ここ十数年，過剰状態にあるとともに，各地では，その抑制のため政府が打ち出した減反政策によって休耕田がふえ続けている。

このような状況の中で，千葉県は，休耕田を利用した河川水の水質浄化法について実用化を図るため，昭和60年度〜昭和63年度の3カ年にわたって，その利用についての現場立証実験を行った。

実験浄化施設は，現在は撤去されて跡形もないが，手賀沼の主要流入河川の一つである大津川右岸の休耕田（面積：$7,000 m^2$）を借り上げて設置した。施設は日量 $2,500 m^3$ の河川水をポンプで汲みあげ，沈砂池で土砂等を取り除いた後，自然流下で並列に設けた20本の浄化水路（幅0.5m×深さ0.5m×長さ80m）に導水する構造となっている。そして実験では3つの異なる水路，すなわち

1. 接触ろ材として塩化ビニール製波板，樹脂製糸状および塩化ビニリデン系繊維のひも状担体のろ材をそれぞれ充填した水路
2. ばっ気した水路とばっ気しない水路
3. 水路全体をビニールシートで覆った水路と覆わない素掘りの水路

が設置され，それぞれにおける浄化効果についての比較検討が行われた。

その結果は（詳細については文献[43]を参照）

- 接触ろ材の種類による水質浄化効率には，差異がみられない
- 接触ろ材充填水路は素掘り水路に比べ幾分浄化効果が良い
- 水路延長が80mと120mでは，浄化効率にさほど大きな差は見られない

- 水路内に堆積する汚泥の大部分は，施設の流入口から約15m以内でみられる

などが得られ，そしてこれらの結果に基づき，休耕田を利用した浄化施設を設置する場合には，少なくとも

1. 浄化水路は，幅0.5m，深さ0.5m，長さ60mを基本として，1施設で3水路以上を並列で設置すること
2. 1水路あたりの処理水量は最大 $100\,m^3/$日に抑え，滞留時間は約3時間とすること
3. 上記1.および2.の条件を満たす施設を設置するために必要な休耕田の面積は，少なくとも $1,000\,m^2$ であること

の条件が必要であることが示された[43]。

図8.4は，以上のような実験結果を踏まえて，Y市が休耕田を利用して設置した硬質塩化ビニール製の波板ろ材充塡浄化施設（浄化水路総延長：320m，流入水量：$500\,m^3/$日，滞留時間：50分）の平面図を示している。

この施設は，現在は下水道の整備によって撤去されているが，運転していた当時の浄化効果をみると，除去率でSSは71％（49 mg/ℓ→14 mg/ℓ），BODは65％（55 mg/ℓ→19 mg/ℓ）と，千葉県内で設置されていた当時の各種排水路浄化施設の中でもっとも良い結果が得られていた（写真8.3）。

また，他の浄化施設で経費が掛かり大きな問題であった汚泥の処理・処分は，年2回，浄化水路に堆積した汚泥をヒシャクやスコップでくみ取り，それを水路敷で天日乾燥後，施設の敷地内に埋め立て処分するという極めて簡単なもので，この作業は市のシルバーセンターに委託することによって経費の節減を図っていた。

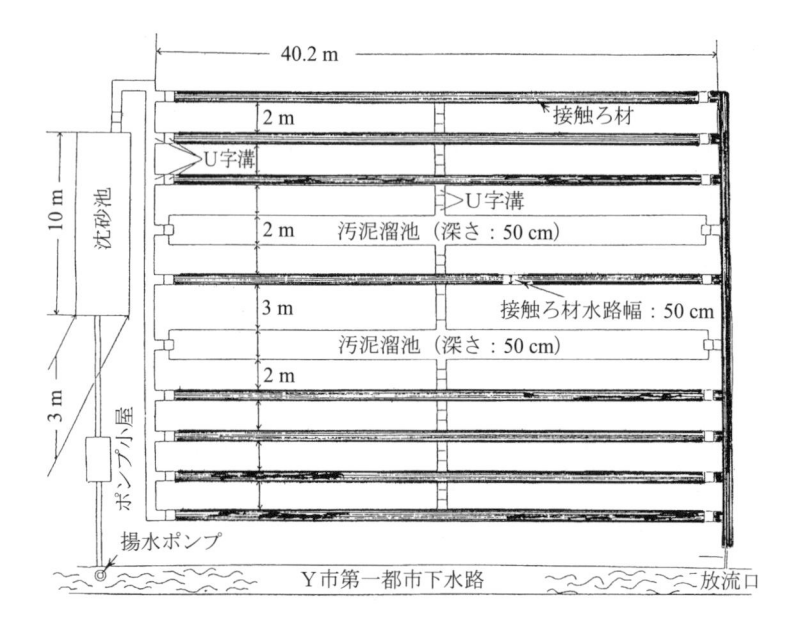

図 8.4　休耕田を利用した波板ろ材充填浄化施設の平面図

写真 8.3　休耕田を利用した波板ろ材充填浄化施設の全景

事例6　流動床式生物膜ろ過浄化施設（分離方式）

　流動床法は，汚水処理で長い歴史を持つ散水ろ床法，回転円板法，接触ばっ気法，生物ろ過法と並ぶ，生物膜法の一つではあるが，処理のし方が他の生物膜法とは異なる。すなわち，通常の生物膜法では，固定した接触ろ材の表面に膜状に増殖させた微生物によって処理するのに対し，流動床法ではばっ気によって接触ろ材を流動状態にして行う。

　この接触ろ材には砂，活性炭，スポンジ，無煙炭，また最近では水に近い比重を持たせた発泡プラスチックや，微生物をゲルに包括させたろ材などが用いられているが，ここで紹介する事例は，無煙炭（アンスラサイト）を用いた浄化施設である。

　千葉県内の排水路には，この種の浄化施設が2基設置され，1基は設置後13年経った現在も運転し続けているが，他の1基は設置後3年で撤去を強いられた。その理由は，施設が周辺地域の美観や住居環境を損なう汚水処理場とみなされ，施設に隣接する地権者や一部住民から強い苦情があったこと，施設の維持管理費が担当部局の年間予算に占める割合が大きいことに加え，維持管理の作業に部局員の相当数が頻繁に駆り出され，日常業務に支障をきたしていたことも否めない事実と思われる。

　水質の浄化効果については，現在，運転している施設をみると，相対的に年々悪化の傾向を示している。これは維持管理上の問題に起因，すなわち1日に2～4回行う接触ろ材の逆洗に伴って発生する汚泥を貯留した槽から引き抜く作業とその処理・処分，またろ材の摩耗に伴う適時補充が，予算上の問題（経費削減）もあって適切に行われていないことによるものである。

事例7　その他の接触酸化浄化施設と全体のまとめ

　その他の排水路の浄化施設として，千葉県内には7.7節で紹介したポリ塩化ビニリデン系繊維，この章の事例1で紹介したポリプロピレン系繊維，また他にビニロン系繊維を素材としたひも状特殊担体，そして7.6節で紹介した礫を接触ろ材として用いたそれぞれの分離方式による接触酸化浄化施設が数多く設置され

ているが,これらの施設は,今なお廃止されることなく,運転されている。これに対して,この章の事例で紹介した接触ろ材充填浄化施設は,ほとんどが撤去されたり,廃止されたりしている。この理由には,接触ろ材充填施設は,全体的に小規模にもかかわらず,不可避的に発生する汚泥の処理・処分を主とする維持管理に経費が掛かり,またそのための人手の確保がきわめて厳しいこと,さらに水質浄化効果が期待するほどでなかったことも一つの理由に上げられる。

なお,以下では,今まで紹介してきた事例,またこれらの事例以外の施設の事業費,維持管理,浄化効果,問題などについて,著者が独自に行ってきた聞き取り調査結果に基づき留意点などをとりまとめて,この節を終わることにする。

まず,最初に施設における,直接方式と分離方式では,大きく

1. 分離方式では,施設設置のための土地の確保が必要なこと
2. 施設の建設,運転,維持管理にかかる経費は分離浄化方式が直接浄化方式に比べて格段に高いこと
3. 浄化効果は,分離方式が高いこと

の違いがあり,設計,設置等にあたっては

1. 排水路の水量と汚濁負荷量は時間によって大きく変動するので,浄化方式を問わず,流域の生活系排水の処理形態や事業場の立地状況を予め調査しておくこと
2. 施設へのごみ類や土砂の流入は,施設の正常運転に直接影響するので,施設流入口にスクリーンを設けるなどして対策を講じておくこと
3. 施設の維持管理における大きな問題は,浄化方式および施設規模にかかわらず,汚泥の処理・処分であることから,それらについては周到な計画を立てておくこと
4. 汚泥の処理・処分に関しては,実例でみると,施設管理者の捉え方によって,さらに次の3つの方法

[8] 排水路の浄化技術と事例　　161

- 産業廃棄物として，汚泥の収集，運搬，処理，処分まですべて業者に委託：この場合は経費が非常に嵩む
- 汚泥の収集と運搬は業者に委託，処理および処分は施設管理者自らがし尿処理場で一緒に処理
- 液状の一般廃棄物として，施設管理者自らが収集，運搬し，一般廃棄物処分場で廃棄処分：この場合は，多くの人手が必要となる

があること
5. 排水路や浄化施設の種類によっては悪臭およびユスリカ，チョウバエなどの衛生害虫の発生源となり，周辺の住民から苦情が生じるので，その措置と対策を講じておくこと
6. 浄化施設は，設置する場所によって汚水処理場とみなされ，時として隣接の地権者や周辺の住民から土地の美観や生活環境を損なうものとして苦情が生じるため，その設置には地元への説明を行い，同意を得ておくこと

などの事項を念頭に置く必要がある。

　特に，施設の維持管理は運転をし続けているかぎり必要であり，そのための経費と人手は必須である。維持管理が適正に行われない施設は人為的であるがゆえに，最悪な汚濁発生源と化してしまう。維持管理に将来確信が持てないならば，浄化施設は決して設置すべきではない。もし，維持管理の継続が不可能とするならば，直ちにその施設は撤去すべきである。これは，施設設置者の逃れることのできない義務と責任である。

8.2　湿地（アシ原）の活用

　湿地という言葉は，日常の生活の中ではよく耳にする言葉であるが，その内容は，広辞苑によると[44]，「河川・湖沼の近辺などで，地下水が地表に近く，水けの多いじめじめした土地」であるという。要するに，一般的には水けの多い土地，たとえば身近にある小さな泥池，水はけが悪く年中じめじめしている休耕田，谷

津田, そして湖・河畔のアシ原などをもすべて含めて湿地であると理解されている。そしてそれは利用価値のない邪魔な土地として, そのまま放置されたり, ごみの捨て場になったり, 汚水の放流先であったりしていたが, 最近は, 需要に伴い宅地として積極的に埋め立てられたりしている。

しかしながら, 一方では, 人々の自然環境に対する認識の高まりと各種情報があいまって, 後述するように湿地のもつ種々様々な機能に注目が集まり, その保護と復元が大きな関心事となっている。

8.2.1 湿地の区分と定義

湿地 (Wetland) にはいろいろなタイプがあり, 低湿地, 沼沢地, 高層湿地, 低層湿地, コケ湿原 (muskeg：米国の北部やカナダでみられる一面に水ゴケが発生している沼, 泥沼), マイア (mire：ぬかるみのある泥沼) などが含まれ[45], これらはさらに形態および機能の側面からグループ分けが行われている。

一つは, 立地場所から2つのグループ[14]

- 海岸湿地：感潮塩湿地, 感潮淡水湿地, マングローブ湿地を含む
- 内陸湿地：淡水湿地, 泥炭地, 沼沢地を含む

二つめは機能面から2つのグループ[45]

- 季節的湿地 (seasonal wetlands)：非常に高い一次生産を持つが, 夏季は多くの場合, 干し上がる
- 恒久的湿地 (permanent wetlands)：陸と水の間の移行帯 (ecotone) を形成する

三つめは, 優占する植生, 水の供給源および泥炭の有無に基づいた構造面から4つのグループ[45]

- 低湿地 (marshes)：抽水性の大型水生植物によって特徴づけられる
- 沼沢地 (swamps)：樹木が優占する

- 酸性の高層湿原 (bogs)：少ない高等植物および泥炭を形成する豊富なミズゴケによって特徴づけられる
- アルカリ性の低層湿原 (fens)：種が多様でコケ類と大型水生植物の両方を含んでいる

のそれぞれである。

　一方,湿地の定義については,自然科学的な見地および環境保護や規制を目的とした法律的見地からのものがあり,内容的には多少の違いがみられる。現在,広く受け入れられている定義としては,U.S. Fish and Wildlife Service (U.S.FWS) による「湿地とは,陸域と水域の間の遷移帯をなす土地で,地下水面が通常は地表面と同じか,もしくはその近くにあるか,または地表面が水深の浅い水で覆われているものをいう」[14)47)] がある。そして,さらにU.S.FWSは,ある土地が湿地に該当するかどうかの判断として,水生植物が存在すること,湿性土壌であること,水で飽和あるいは冠水していることの3つの条件を示し,しかもこれらの条件が周期的な現象であったとしても湿地と認められるとした。

　これに対して,米国の環境保護庁 (U.S.EPA；Environmental Protection Agency) および陸軍工兵隊 (Corps；Army Corps of Engineers) が規制目的で用いている定義は,「飽和土壌に生息するのに適応した湿性植生の優占化を支えるのに十分な頻度と期間,表流水によって湛水または地下水で飽和される土地」(Clean Water Act of 1977, 404条b項) としている。上述のU.S.FWSのそれと同様,植生,水理,土壌の特性から定義付けをしているが,植生の存在条件を強く重視している点が決定的に異なっているといえる (湿地の定義をめぐっての詳細については文献[14)47)]を参照)。

　ちなみに,わが国にラムサール条約を紹介した環境庁野生生物研究会の定義では,「湿地とは,天然のものであるか,人工のものであるか,永続的なものであるか,一時的なものであるかを問わず,さらには水が滞っているか,流れているか,淡水であるか,汽水であるかを問わず,沼沢地,湿原,泥炭地または水域をいい,低潮時における水深が6mを越えない海域を含む」としている。しかし,これに従うとわが家の水はけの悪い雨上がりの庭も湿地となり,ますます混乱をきた

すことになるので、これ以上の言及はせず、紹介だけに止めておくことにする。

8.2.2 自然湿地の機能と特性

自然湿地のもつ機能は、すでに述べた湿地のタイプによってそれぞれに異なるが、ここでは、本書の目的(淡水域の水質浄化技術を取り扱う)との関連から、大きくは立地条件から捉えて区分した内陸湿地に話を絞って進めることにする。

まず、内陸湿地の持つ機能には

1. 洪水の貯留：洪水を貯留し、下流域での洪水を緩和させること
2. 水源の確保：地下水および地表水の供給源になること
3. 水鳥その他、野生生物の生息の場：水鳥を含む多種類の鳥、哺乳動物および爬虫類の重要な養育、営巣、採餌および退避の場所であること
4. レクリエーション・オープンスペースの場：釣り、狩猟、野生生物観察および景勝鑑賞、環境教育などの場になること
5. 水質浄化の場：過剰な栄養塩類と化学的汚染物質を除去すること

などがあるとされている[14)15)47)48)]。

湿地を活用した水質浄化は、まさにこれらの中の水質浄化機能に着眼した技術であり、そしてその浄化の基本となっているのは湿地の定義を特徴づけている植生、水理、土壌のそれぞれが持つ浄化機能とそれらの複合機能であるといえる。しかし、実際に浄化を促進する原理は、湿地のタイプによってそれぞれ特性が異なる。

最近、わが国で注目されるようになった湿地の活用による水質浄化は、ほとんどの場合、前述の構造面から分類した抽水性の大型水生植物で特徴づけられる低湿地(Marshes)を指しているといえるが、その自然界での浄化機構については

1. 流れの減速による流入水中の土砂の物理学的な沈殿・堆積とあいまって、土砂等に吸着していた有害物質を含む化学物質などの沈殿・堆積

2. 好気性および嫌気性過程での微生物学的作用による有機物の分解無機化や脱窒,また化学的作用による沈殿と吸着
3. 高い一次生産(主に抽水植物)による無機栄養塩類の吸収にともなう有機物の合成と,その枯死分解後における恒久的堆積

の3点に概括される。

しかし,わが国で実際に湿地を利用して行った水質浄化の事例をみると,休耕田でアシ*が自生していた場所での河川水の浄化[49],またアシ,ガマが中心に繁茂していた場所での生活雑排水の処理など[50]の文献が示すように,湿地には違いないが,具体的には主としてアシ原を中心に利用した水質浄化であるといえる。

一方,水質浄化実験に用いた人工湿地をみても,基本的には抽水性の大型水生植物によって特徴づけられる低湿地の創出にほかならない。そして植生として植栽した植物をみると,アシが圧倒的に多い[23)51)~55)]。

8.2.3 人工湿地の創出と水質浄化機能

人工湿地は,人為的に創造した湿地であるが,自然湿地のすべての特質を再現して創出することは,至難の技である。しかし,ある機能に着目した湿地の再現は,さほど困難とはいえない。たとえば,水質浄化の技術として創出した人工湿地は,まさにその例であるが,その成否は水質浄化の機能効果を促進するため,湿地の基本的構成条件である植生,水理および土壌をどのように具現したかにある。

まず,湿地(低湿地)の植生は,上述したように大型の抽水植物によって特徴づけられているが,人工湿地では,図6.2および表6.1に示した抽水植物,沈水植物,浮葉植物などのいずれも植生として植栽が可能な種類として考えられる。し

---

*アシ:あしは,漢字で葦,葭,蘆とも書く。各地の水辺に自生するイネ科の多年草で,人によっては「ヨシ」とも呼ばれ,また学術文献等でもヨシという用語で表現されている場合がある。この呼び名はアシの音が"悪し"に通じるのを忌んで"善し"にちなんで呼ばれたもので,実際はアシもヨシもまったく同じものを指す[44]。

かし，人工湿地を利用した水質浄化は，単に水生植物のもつ浄化機能のみに依存するだけではなく，湿地での水理および土壌条件が水生植物と複雑に関係してくることから，一般的には水中および土壌での浄化効果が期待できるアシ，ガマ，イグサ，フトイ，スゲなどの抽水植物が選択されている[15)54)]。なかでも，アシは

- 日本各地に自生して耐塩性，耐候性があり，群落を形成すること
- 根が地下60～100 cmまで達すること
- 茎は中空であるため根の深さまで酸素を供給できること
- アシを利用した湖沼，河川および生活排水の浄化などに実績があること

などの特性から多く利用されている[52)]。

つぎに，水理条件として流入水（汚濁水）がどのような流れの状態でもっとも浄化効率を高めることができるのかである。これについては，2つの方式

- 表面流れ方式（表面方式）：汚濁水を表面流として湿地に流し，土壌や水生植物との接触によって汚濁物質を沈殿，また水生植物の表面に生息する微生物による有機物の分解無機化を促し，浄化水は表面から流出させる
- 浸透流れ方式（浸透方式）：汚濁水を湿地土壌中に流し，汚濁物質を土壌や水生植物の根の部分でろ過や吸着させ，また根の部分に生息する微生物による有機物の分解無機化，硝化，脱窒を促し，浄化水は湿地の底層部から流出させる

がある[15)16)26)]。

最後に，土壌条件であるが，自然の湿地では粘土，砂，シルトなどで構成されているが[15)]，人工湿地では汚濁水のどんな物質を除去目的とするか，またどのような種類の植物を植栽するかによって土質を選択する必要がある。いままでの事例をみると，植栽対象の水生植物はアシを中心として，土壌には水田表土[23)]，埼玉産黒ボク土とモルタル用細目砂の混合土[53)]，浚渫ヘドロ[52)55)] などが用いられているが，礫を主体とした人工湿地でもアシの生育は十分であるとされている[15)]。

このように，わが国で水質浄化を目的として創出された人工湿地といえば，ほとんどがアシの植栽によって特徴づけられる"人工アシ湿地"といえる。そしてそこでの水質浄化機能は，種々の文献等から[14]〜[16][23]〜[26][51]〜[55]

- アシによる窒素およびりんの吸収
- アシが接触ろ材として働き，根および茎に微生物を増殖させ，汚濁物質の接触沈殿およびろ過と，有機物の接触酸化による分解無機化
- アシの茎から地下の根に酸素を供給し，土壌中で硝化，脱窒を促進
- 土壌のろ過および吸着と，土壌微生物による有機物の分解無機化

の4つに要約でき，これらの機能が総合的に水質浄化に関与しているといえる。なお，人工アシ湿地の創出にあたっては

- 広い面積を必要とすること
- アシの枯死分解に伴う窒素およびりんの回帰を防ぐため，刈り取りとその処理・処分が必要なこと
- 表面方式の流れの場合，滞留時間によって悪臭や衛生害虫の発生を招くこと
- 浸透方式の流れの場合は，目づまりとともに悪臭と衛生害虫の発生や，短絡流が生じること

を念頭に置き，その対策などを考慮しておくことが重要である。

8.3　植物の活用

　水質浄化に利用できる植物といえば，湖沼およびその周辺に生育する水生植物（6.1.1項を参照）と湿性植物（アシ，ミソハギ，モウセンゴケなど）を連想するかも知れないが，ここでいう植物は，これらを含め，さらには在来種および外来種を問わず，野菜類，花卉類，資源植物などのすべてが対象となり得る。もちろん，浄化対象水域や浄化方法によっては，6.1節の例で示したように，植物の種

類はかなり限定されてしまうが, とにかく, 植物を利用した水質浄化は, 効果のほどはさておき, 今では地球や環境にもっとも優しい技術として, 市民権を得た浄化技術の一つという感がある。

そして, 一方ではこの技術に関連して, 水耕生物ろ過, リビングフィルター, バイオフィルター, アシフィルター, バイオジオフィルターなど, 第6章および第7章で述べてきた湖沼や河川の浄化技術にはなかった耳慣れない技術用語が使われている。なかには, この章で取り扱う排水路の浄化とはまったく関係のない, または適さない技術もあるが, ここでは, 植物を活用した水質浄化技術の全般について, 幅広く理解してもらうため, それらの用語についても個々に解説をする。

なお, それぞれの技術に関する事例と浄化効果などの詳細については, 引用した文献等を参照してほしい。

8.3.1　水耕生物ろ過

(1)　水質浄化の原理と対象水

この技術は1984年から開発され, その結果の一部が1992年に有機水耕栽培法として紹介され[9)56)], その後, 水耕生物ろ過法と改名されたものである。

この技術に基づく水質浄化のシナリオは, 植栽した植物とその根圏に形成される生態系を利用するため, まずは水も植物根も通さないような材料で100分の1程度の勾配を持つ水路 (コンクリート製水路でも, 遮水シートを張った水路でもよい) を作り, そこに浄化対象水 (湖沼水, 河川水, 排水の処理水など) を5〜10cmぐらいの水深で流入させ, そして植物が流出したり, 浮き沈みしないように工夫して植栽し, マット状に広がった植物の根による層を形成させることから始まる。このことによって

1. 水中の窒素およびりんを吸収してマット状に生長した根は, 接触ろ材の浄化原理である接触沈殿と接触酸化と同様の働きによって流入水中のSS成分 (植物プランクトン, 粒状態有機物質等) を沈殿およびろ過, また根に増殖した微生物の生物膜により有機物質などを吸着および分解無機化

2. 根には，共生しているツリガネムシ等の微生物の他に，サカマキガイ，イトミミズ，アカムシ，ユスリカなどの小動物が，根に捕捉されたSS分の汚濁物質や生物膜を餌として食し，糞として排泄

3. 排泄物および小動物死骸の易分解性部分は微生物によって分解無機化され，栄養塩類等が水中へ回帰し，再び植物によって吸収，また難分解性部分は泥土化して堆積

4. 堆積した泥土からは栄養塩類が水中に溶出するが，その量が植物による吸収量を上回った後は，堆積泥土を乾燥後，堆肥として農地還元

の諸過程を経て水質浄化が完結される[9)57)〜60)]。

このように，水耕生物ろ過による水質浄化は，植物を活用するといえども，ただ単に植物の生理特性である栄養塩類吸収能の利用だけではなく，植物の根茎で繰り広げられる生態系の構造と機能を活用した水質浄化技術である。

しかし，この技術を適用できる対象水は，排水の原水ではなく，その2次および3次処理水よりも，もっときれいな水に限られているため，他の処理技術との併用が必要になる。実際，この例の一つに，酸化池との組み合わせによる下水処理水の高度処理実験では良い結果が得られたとする報告がある[61)]。

(2) 水耕生物ろ過に利用可能な植物

この技術に基づく水質浄化は，年間を通して浄化が可能であること，植栽した植物は，種類によっては堆肥，食用および鑑賞にと，人々に幅広く利用される点で，6.1節に述べた水生植物植栽・回収による水質浄化の趣旨とは幾分異なる。

このような副次的目的を踏まえ，水耕生物ろ過法（以下，水耕法と称す）に適する植物としては

- 根が細かく，株が横に広がる
- 成長が早く，窒素やりんの吸収能がよい
- 常緑で多年草である
- 収穫して食用，鑑賞用に利用できる

- 堆肥化でき, 農地還元が可能
- 植栽した植物の種 (たね), 茎が流出しても, 隣接水域の植物生態系に影響を及ぼさない

などの特性を有していることが望ましいとされている[60]。

そして, これらの特性を有した植物には, 多少なりとも商品価値のある50種類以上の植物の栽培実験を通して, 浄化能力と処理の容易さなどを基準に

1. 葉菜類では: クレソン, クウシンサイ, セリ
2. 根菜類では: オオクログワイ, 混植栽培種としてマコモ, クワイ, サトイモ
3. 薬草類では: サジオモダカ
4. 花卉類では: カラー, ポンテデリア, ルイジアナアヤメ, 水生ワスレナグサ, ミソハギ
5. 香草類では: ペパーミント, スペアミント, アップルミント

が適しているとされている。ただし, 実際の活用にあたっては, さらに目的と環境に応じた使い分けをする必要がある[56)59]。たとえば, 花の鑑賞を重視した目的ではカキツバタ, ハナショウブが候補に上がってくる[9)59]。また, 浄化の対象とする水によっては, クレソン, セリなどが植物プランクトンで濁った湖沼や池の水, カラーおよびミントは下水処理水や工場排水処理水の高次処理に[59], そして気温との関連では, 夏期にクウシンサイ, ミソハギ, ミントなど, 冬期はクレソン, セリなどが適していることが確かめられている[9)57)58]。

(3) 問題および課題

流入水の滞留時間が実用事例で15～30分と非常に短くて済むことから[60], 単位面積当たりの処理できる水量は, 前述の事例で紹介したいろいろな接触ろ材充填水路施設に比べて多い。また, 維持管理については, 他の施設では堆積汚泥の処理・処分が費用と作業面で大きな問題となっているが, この水耕生物ろ過では, 年2回の水路内堆積泥土の除去とその農地還元利用で問題は解決されている。

しかし，この浄化技術は比較的きれいな水を対象としているため，施設の設置場所がかなり制限されてしまうことと，しかも相当の面積を必要とすることが問題であり，課題でもあるといえる。

8.3.2 リビングフィルター

これは，自然界の中で生物体のそれぞれが果たしている吸収，吸着，同化，固定，摂取，ろ過，分解などの諸機能を活用して，自然界で異常をきたしている物質およびエネルギーの循環の場（汚濁化した水域，汚濁物質を蓄積した底泥などを指す）を回復および再生，さらには増進，または新たな生態系の創造のため，異常の事態と場に応じた機能を発揮できる生物体の導入を図ることを概念とした方策であり，技術である[1)8)62)63)]。たとえば，大気の浄化には，NO_x，SO_x等の吸収・固定能力が高いススキ，ケヤキ，アカマツ，シラカシなど，土壌浄化には重金属類等の吸収・固定能力の高いイワマセンボンゴケ，ツガ，コナラなど，また水質浄化のためには栄養塩類の吸収・固定能力の高いホテイアオイ，アシ，フトイなどが，それぞれに応じたリビングフィルターの対象生物と考えられている[63)]。

表8.4は，水質浄化におけるリビングフィルターの対象植物となる沿岸帯植物群落が有しているいろいろな機能を示している[48)]。どの種を実際に活用するかは，浄化対象とする水と場所，季節，またどのような機能を修復するのかという条件などによって選択される。同時に，またそれが人為的に活用される以上，その植物には，6.1節で述べた水生植物を利用した湖沼の浄化技術と同様，植栽，収集，処理・処分および再利用がしやすいことなどの特性を有していることが重要な条件として求められる。

表8.4 沿岸帯植物群落がもっているいろいろな機能[48]

機能	水辺林	湿地植物群落	抽水植物群落	浮葉植物群落	沈水植物群落
I 水質浄化とのかかわり					
1. 流入するシルトや浮遊物の捕捉	◎	◎	◎	◎	+
2. 流入有機物の分解 (水中の体表着生微生物による)		◎	◎	+	+
3. 湖水からのN, P吸収による植物プランクトン抑制			+	◎	◎
4. 遮光, 阻害物質生産による植物プランクトン抑制				◎	+
5. 底質への酸素供給による有機物の分解促進		◎	◎	+	◎
6. 有害物質の吸収		◎	◎	?	?
II 湖の動物群集とのかかわり					
7. 魚類, エビ類の産卵, 仔稚魚・幼生の発育場所 (藻場)			◎	◎	◎
8. 鳥類の営巣, 育雛, 避難の場所	◎	◎	◎	+	
9. 鳥類への餌の供給		◎	◎	◎	◎
10. 昆虫類・両生類の生育場所		◎	◎	◎	+
11. 貝類, 底生動物への餌の供給 (分解過程で)		+	◎	◎	◎
12. 着生生物の着生基体			◎	◎	◎
III 湖岸の保護とのかかわり					
13. 密生群落による波消し作用			◎	+	+
14. 密生する根茎の緊縛作用による侵食防止		◎			
IV 資源の供給					
15. 人間の食物となる			◎	◎	+
16. 生活用品の材料供給		◎	◎		
17. 家畜の飼料, 農地の肥料の供給		◎	◎	◎	◎
V 水辺景観形成とのかかわり					
18. 広い区域の景観形成	◎	◎	◎	+	
19. 局部的な景観形成	◎	◎	◎	◎	
VI マイナスのはたらき					
20. 密生大群落による航行障害			+	◎	◎
21. 密生大群落による漁業への障害			+	◎	◎
22. 大量の植物の枯死による一時的, 局所的な水質悪化			+	◎	◎

注：◎は明らかにその機能があることを，+は多少あることを意味する．

8.3.3 バイオフィルター・システム

このシステムは，湖沼やため池などの閉鎖性水域の浄化（窒素およびりんの除去）を水生植物（ホテイアオイやオランダガラシなど）の栄養塩類吸収能を利用して行うことを目的としたもので，さらに4つのサブシステム

- 栽培サブシステム：水生植物が効率よく生育し，水中の栄養塩類を吸収しやすい環境を作りだす
- 回収サブシステム：生長した水生植物を回収，輸送，貯蔵
- 処理サブシステム：回収した水生植物を飼料化処理，固形燃料化処理，メタン発酵処理，コンポスト化処理を行うとともに，飼料，固形燃料，メタンガス，肥料等の原料を生産
- 再利用サブシステム：処理サブシステムで生産された原料を製品化

から構成されている[64)65)]。これらに適した水生植物は，表6.1に示した種類が対象となる。

なお，これらの植物の中から，水温が15°C以上で生長が著しいホテイアオイと，低温でも生長するオランダガラシ（別名，クレソン）を活用したバイオフィルター・システムのテストプラントによる実証試験結果の概要がすでに報告されている[65)]。しかし，その後の本格的な実用化については，植物生産（バイオマス）と原料供給などが不安定であるとの理由によって，広くは普及していない。

8.3.4 バイオジオフィルター

これは，窒素およびりんの高い養分吸収能を持つ植物（Bio-）と，ろ過・吸着機能および付着微生物による分解無機化の機能を持つ天然鉱物ろ材（Gio-）を組み合わせた装置の水路を工作し，生活雑排水および生活系排水の2次処理水を対象とした農山村向きの省エネルギー・資源循環型汚水処理システムとして開発された技術である[66)67)]。

浄化対象水は，通常，年間を通して比較的安定な水質が得られる合併処理浄化槽からの処理水が主であるが[7)68)69)]，この他に接触酸化浄化施設や農業集落排水処理施設の2次処理水も考えられている[67)]。

一方，ろ材にはゼオライトを主として鹿沼土や貝化石も用いられる。それらの壌土に適した植物は，30種類以上の野菜，資源植物，花卉などの有用植物の植栽実験から，夏から秋にかけてはケナフ，パピルス，ソルガム，モロヘイヤ，エンサイ，バジル，マリーゴールドなど，また冬から春にかけては，シュンギク，ヤロウ，タンジー，オオムギ，イタリアンライグラス，ハナナなどがあげられている[68)69)]。また，栄養塩類の吸収能についてはパピルス，ケナフ，ソルガム，アシなどが窒素，そしてパピルス，ハトムギ，ケナフがりんに対してそれぞれ高い吸収能を示すとされている[70)]。

8.3.5　ヨシフィルター

これは，8.2.3項の人工湿地の創出に関して述べた中で，ヨシ（アシ）を植栽した浸透流れ方式での水質浄化を特別に称した技術用語である[26)]。この技術による浄化は，上述のバイオジオフィルターのそれと類似しているが，機能的にはヨシの持つ浄化作用が主導的に働いているところに違いがある。

表8.5は，ヨシ（ヨシ原）が持つ水質浄化における諸作用を示している[8)]。

表8.5 ヨシの水質浄化における諸作用[8]

浄化作用	対象物	最終的行先	変化・変質の内容	浄化作用を担うもの 生物	場所
沈降促進作用	粒状物,濁り	底泥沈積	水中浮遊状態から底泥表面への沈降。沈積後安定し再浮遊しにくくなること。	ヨシの茎部,根毛,芽	ヨシ原内の水中
吸収同化作用	栄養塩類	ヨシの植物体	土壌中の間隙水栄養塩の吸収と,光合成による同化。土壌中の間隙水含有物の吸収。	ヨシの根,茎,葉	ヨシ原内の土中〜地上部
	重金属類				
酸素供給作用	酸素	土壌中	大気中の酸素を気管等を経て土中の根毛へ運搬。	ヨシの茎,根	土中の根毛周辺
硝化作用	NH_4-N	NO_3-N	大気,水,もしくはヨシ根毛から酸素の補給を受け,NH_4-Nを酸化しNO_3-Nとする。	土中の硝化菌	土中の根毛周辺
脱窒作用	NO_3-N	大気中 N_2	NO_3-Nを嫌気的環境下で還元し,生成N_2がガスとして大気中に放出。	土中の脱窒菌	根毛周辺を除く土中
分解作用	有機物COD,Org-N等	CO_2 NH_4-N	微生物による好気的もしくは嫌気的な分解。	分解バクテリア	土中

8.3.6 その他

植物を活用した水質浄化には,上述したようにいろいろな手法があるが,ここで,その他として紹介するのは,一般家庭の園芸などでよく栽培され,親しみのある花卉を利用した水質浄化である[71]〜[77]。

この浄化における対象水は,事例としては生活雑排水と[73],生活系排水の処理施設(処理場)[71][72]および排水路の接触酸化浄化施設[77]からの二次処理水で

ある。そして対象水質は植物特有の高い養分吸収能による窒素およびりんが主であるが，他に無機金属類も対象となる。同時に，この浄化においてもっとも特徴的なことは，花卉そのものが浄化水路施設に潤いと親水性を与え，住民には水質汚濁に対する意識高揚と啓発を促す環境学習の場を提供，また香料，染料，燃料などの材料としての資源活用，そして商業ベースでの一般住民への販売など，いろいろな付加価値を高める要素を持っている点である。

　水質浄化に利用する花卉には，春播き用と秋播き用の2つがある。その栽培は，通常，水路での根の増殖による目づまりを避けるため，水耕栽培用の浮上床（たとえば，発泡スチレン板など）を用いて行う。そして，これらの栽培のし方には

- 直接播種
- 壌土に播種し発芽させ本葉がでた段階で移植
- 壌土で栽培して盛花時に移植

の3つの方法があるが，水耕栽培には直接の播種より，本葉がでた段階で移植したほうがよいとされている。また盛花時での移植にはキンセンカ，ベゴニア，セントポーリア，ニチニチソウなどが適していることが実験から明らかにされている[73)76)]。

　しかしながら，水耕栽培に可能な花卉は，栽培のし方の難易のみならず，日照時間の長・短，耐寒・暖，開花期間，栄養塩吸収能の選択性などに対する特性が種類によってそれぞれ異なるので，実際の活用は，既存の文献等を参考にして実施すべきである。たとえば，開花期間ではアスター，ラベンダーなどのように2～3カ月間のものから，ゼラニウム，ベゴニア，マリーゴールドなどのように年間を通したものまであり，栄養塩類吸収能ではインパチェンスが窒素，インパチェンス，ニチニチソウなどがりんに対して高い吸収能を示し，耐寒ではラベンダー，ゼラニウム，ミント類などが氷点下の冬季に耐えて越冬するなどの特性がある[73)75)76)]。

8.4 各種排水処理技術の活用

排水処理技術は，業種または排水中の含有成分によっていろいろな処理法があるが[78]～[82]，それら技術の排水路への活用には，水質汚濁の現状から含有成分的にかなり限られている。

公共用水域における水質汚濁の現状は，すでに第2章で述べたように，「人の健康の保護に関する環境基準」はほぼ達成しているが，「生活環境の保全に関する環境基準」の達成率は特に都市内中小河川で低く，そしてその主因が生活系排水にあることが明らかになっている。このことから，排水路の浄化技術として活用される技術は，自ずと生活環境基準項目のSS, BOD, CODを対象にしたものとなるが，それらの技術については，すでに多くの図書などに詳述されているので[78]～[82]，ここでは簡単に述べる程度に止める。

まず，最初に水質浄化施設において，浄化効率をいかに高め，そして持続させるかは，SSの除去程度に大きく依存しているといえる。このため，多くの浄化施設あるいは浄化水路では，前段にSSを沈降・沈殿させる槽を設けるのが通常である。そして場合によっては，物理化学的な手段を駆使してSSを強制的に沈降・沈殿させる方法がとられるが，その一般的な技術としては，以下の2つの方法が考えられる。

1) 凝集沈殿法

凝集剤を用いてSS成分を大きな粒子に凝集（フロックを形成）させ，沈降・分離させる技術である。

凝集剤には，大きく分類して

1. 無機塩類（アルミニウム塩系の硫酸アルミニウム，アルミン酸ナトリウム等と，鉄塩系の硫酸第1鉄，塩化第2鉄等）

2. 有機高分子化合物類（陰イオン性ポリマー系のアルギン酸ナトリウム等，陽イオン性ポリマー系のポリエチレンイミン等，非イオン性ポリマー系のポリアクリルアミド等）

3. 凝集補助剤（活性ケイ酸，ベトナイト等）

の3つがある[82]。この方法の活用において、留意すべき点としては

- どの凝集剤が排水路の浄化にもっとも効果的であるのかについては凝集試験法（ジャーテスト）で個々に確かめること
- 凝集効果はpH調整によって大きく影響されること
- 凝集剤の中には、凝集効果を上げるための使用量制限があること
- 凝集剤を用いるため大量の脱水が容易ではない汚泥が発生すること
- 凝集剤の使用にあたっては、特に高分子系凝集剤そのものの安全性（蓄積毒）とその2次汚染、水域の生物および生態系への影響等について十分に検討すること

などがある。

2) ろ過法（急速ろ過法）

　汚水を重力、圧力、真空、遠心力のいずれかの物理力によって多孔質ろ材[83]あるいは天然砂、そしてそれに無煙炭（アンスラサイト）やザクロ石などを組み合わせたろ材層を通してSS成分を分離する方法である。

　この方法による留意すべき点は

- 浄化効果は、基本的にはろ材の孔径あるいは粒径によること
- SS分が多ければ当然のことながら、閉塞が早く、その洗浄に伴う汚濁水の増量を招くなど、維持管理の面で不都合が生じること

などである。

　つぎに、BODの処理技術についてであるが、BOD（COD）は、水域においては、通常、粒状態と溶解性の2つの形態で存在しているので、それぞれに対応する技術が必要となる。たとえば、SS成分の形態で存在するBODは、上述の凝集沈殿法やろ過法のいずれでも処理できるが、溶解性のBODについては、両方ともほとんど処理できない[81]。このため、その処理には別の生物化学的・物理的な処理に頼らざるを得ない。それに対応できる技術としては

1. オゾン酸化法：ふっ素を除く常用の酸化剤（塩素，硝酸塩，過酸化水素等）の中でもっとも酸化力の強いオゾンを用いて有機物成分（易酸化性のBODおよびCOD成分）を化学的に酸化分解し不溶化する
2. 活性汚泥法：好気条件下で有機質を活性汚泥により吸着，酸化・同化後，活性汚泥を沈殿により分離する（詳しくは，文献[81]を参照）
3. 活性炭吸着法：木材，泥炭，合成樹脂廃材などを原料にして作られた活性炭は，その無数の細孔および吸着力によって難酸化性やコロイド性の有機物を除去する（詳しくは，文献[79]を参照）
4. 膜分離法：汚水を物理的な圧力によって膜を通過させ有機物を除去する（膜の種類や膜分離の理論等の詳細は文献[82]を参照。また最近の膜分離技術の動向については，たとえば雑誌など[83][84]で特集を組んでいる）

などがある。

しかし，これら技術の活用に際しては，技術面および安全面において

- 事業場等における発生負荷は各生産工程での原料や用水の使用量が操業状況に応じてはっきりしているのに対して，排水路では，図8.1に示したように，排水量および汚濁負荷量に大きな時間変動があること
- 汚泥の処理・処分は，いかなる水処理施設でも不可避的な厄介な問題であるが，いろいろな薬品を使用する各種排水処理技術では多量の汚泥が発生すること
- 水処理のため使用する薬品の安全な管理，さらには施設の正常な運転のための薬品調整には，相応の専門知識を必要とすること
- 公共用水域は何人でも自由に入れる唯一の空間であることから，安全面にはより注意が必要なこと

などを念頭に置くべきである。

【文献】

1) 大野善一郎・本橋敬之助：家庭でできる生活雑排水浄化対策の負荷削減効果, 千葉県水質保全研究所年報 (昭和59年度), 135-153 (1984)

2) 新井洋一・大槻 忠・名取 真：リビングフィルタ—生物の働きを利用した環境浄化—,「PPM」, 10(8), 16-23 (1979)

3) 麻生昌則・永松啓至・岩碕 要・毎田正雄：自然流下型接触酸化による排水処理システムについて, 環境研究, No.45, 12-27 (1983)

4) 建設省土木研究所・下水道部水質研究室：生活雑排水浄化施設の機能調査報告書, 土木研究所資料第2478号, 82pp., 昭和62年2月

5) 遠田和雄・大矢昌弘：水生植物と接触ばっ気法の組合せによる水質浄化法の検討 (第1報), 横浜市公害研究所第13号, 165-176 (1989)

6) 中村栄一：排水路浄化施設の処理機能, 用水と廃水, 32(8), 704-707 (1990)

7) 稲森悠平・林 紀男・須藤隆一：水路による汚濁河川水の直接浄化, 用水と廃水, 32(8), 692-697 (1990)

8) 細川恭史：リビングフィルターによる水質改善について,「ヘドロ」, No.49, 12-17 (1990)

9) 中里広幸・猪狩俶将：生態系を活用した低コスト水浄化法 (有機水耕栽培), 産業公害, 28(3), 254-261 (1992)

10) 大久保卓也・岡田光正・村上昭彦：小水路における生活雑排水の浄化特性, 水環境学会誌, 16(4), 261-269 (1993)

11) 本橋敬之助：排水路の水質浄化と実施事例 (上) —維持管理, 効果, 問題など—,「PPM」, 24(7), 76-84 (1993)

12) 本橋敬之助：排水路の水質浄化と実施事例 (中) —維持管理, 効果, 問題など—,「PPM」, 24(8), 62-72 (1993)

13) 本橋敬之助：排水路の水質浄化と実施事例 (下) —維持管理, 効果, 問題など—,「PPM」, 24(9), 53-62 (1993)

14) 岡田光正：湿地の特性とその機能, 水環境学会誌, 17(3), 142-148 (1994)

15) 細見正明：内陸湿地における自然浄化のメカニズムと浄化機能の積極的利用, 水環境学会誌, 17(3), 149-153 (1994)

16) 細見正明：ヨシ人工湿地による水質浄化法, 用水と廃水, 36(1), 40-43 (1994)

17) 尾崎保夫・尾崎秀子・阿部 薫・雨谷恵夫：資源植物・花卉等を利用した生活排水の高度処理—潤いのある水質浄化システムの開発を目指して—, 用水と廃水, 37(2), 111-118 (1995)

18) 市原利行：自然の浄化作用を応用した排水処理システムの実際と今後, 資源環境対策, 32(5), 1447-1454 (1996)

19) 本橋敬之助・山内 隆・南 彰則：不織布接触ろ材を用いた排水路の水質浄化, 水処理技術, 37(3), 137–143 (1996)
20) 本橋敬之助：BOD, 窒素およびりんの同時除去の試み―印旛沼流域の排水路浄化モデル施設を例にして―, 月刊「水」, 40(12), No.572, 29–24 (1998)
21) 建設省土木研究所：河川・湖沼・ダム貯水池塔の浄化手法についての総合的検討, 土木研究所彙報, 第66号, 230+5pp., 平成10年3月
22) 稲森悠平・西村 浩・須藤隆一：生態工学を活用した水環境修復技術の開発動向と展望, 用水と廃水, 40(10), 855–866 (1998)
23) 北詰昌義・野口俊太郎・島多義彦・倉谷勝敏：人工湿地による水質浄化, 用水と廃水, 40(10), 899–905 (1998)
24) 渡辺吉男：汚濁河川, 水路の直接浄化技術, 用水と廃水, 40(10), 906–911 (1998)
25) 工業技術会：河川・湖沼の水質浄化技術の開発と汚染対策, 工業技術会・研修社, 426pp., 東京 (1998)
26) 須藤隆一 (編)：環境修復のための生態工学, 講談社, 229pp., 東京 (2000)
27) 本橋敬之助・立本英機：湖沼・河川・排水路の水質浄化―千葉県の実施事例―, 海文堂出版, 128pp., 東京 (1997)
28) 木村英治：小型合併処理槽の単装置 (7) ―ろ材・接触材―, 月刊「浄化槽」, No.281, 31–35 (1999)
29) 日本工業立地センター：最新公害辞典, 日本工業新聞社, 388+49+49pp., 東京 (1972)
30) 北尾高嶺：浸漬ろ床用接触材の基本条件および水質・操作条件に応じた選択法, 用水と廃水, 23(4), 381–387 (1981)
31) 中川政雄：平板状接触材の性質と応用, 用水と廃水, 23(4), 421–427 (1981)
32) 佐藤 健：立体網状接触材の性質とその応用, 用水と廃水, 24(3), 429–439 (1981)
33) 稲森悠平・林 紀男・須藤隆一：水路における生物相と水質浄化特性, 国立公害研究所報告, No.97, 35–62 (1986)
34) 稲森悠平・林 紀男・須藤隆一：直接浄化法を活用した河川水からの汚濁負荷の削減, 用水と廃水, 32(8), 970–977 (1990)
35) 須藤隆一・稲森悠平：7. 水処理における微生物制御, 学会センター, 微生物の生態11 ―変動と制御をめぐって― (微生物生態研究会編), 111–128, 東京 (1983)
36) 須藤隆一・稲森悠平：接触材を充填した水路における排水の浄化 (第3回自然浄化シンポジウム―自然浄化機能による水質改善―, 国立公害研究所), 39–55 (1986)
37) 村山幸男・本橋敬之助・石浜謙一・飯塚孝之・酒井祐介：鉄材を用いた排水路汚濁水中のりん除去の実用化, 水処理技術, 41(10), 471–478 (2000)
38) 加藤文江：浅川周辺住民の手づくりの河川浄化―木炭による浄化の実験から―, 水質汚濁研究, 11(1), 24–26 (1988)

39) 新舩智子・石井保治・萩原弘治・小倉紀雄：木炭による水質浄化実験とその評価, 用水と廃水, 33(12), 993–1001 (1991)

40) 安部賢策・柘植和夫・荒木治彦：木炭による湖沼浄化システムの開発, 用水と廃水, 40(12), 1076–1084 (1998)

41) 北川睦雄 (編)：活性炭水処理技術と管理, 日刊工業新聞社, 210pp., 東京 (1978)

42) 大矢昌弘・遠出和夫：木炭及び礫による水質浄化効果の検討, 横浜市公害研究所報第13号, 157–163 (1989)

43) 千葉県水質保全研究所：湖沼水質保全対策検討調査—休耕田等を活用した水質浄化技術検討調査— (昭和61年度環境庁委託業務結果報告書), 117pp., 昭和62年3月

44) 新村 出 (編)：広辞苑 (第5版), 岩波書店, 2988pp., 東京 (1998)

45) 手塚泰彦 (訳)：陸水学 (原著第2版, A.J.ホーン、C.R.ゴールドマン著), 京都大学学術出版会, 638pp., 京都 (1999)

46) Cowardin, L.M., V. Carter, F.C. Golet and E.T. LaRoe: Classification of Wetlands and Deepwater Habitats of the United States. Office of Biological Services, Fish and Wildlife Service, U.S. Department of the Interior, Washington, D.C. (1979)

47) 浅野 孝・大垣眞一郎・渡辺義公 (監訳)・天野邦彦・田中宏明・吉谷純一 (訳)：水環境と生態系の復元—河川・湖沼・湿地の保全技術と戦略—, 技報堂出版, 590pp., 東京 (1999)

48) 桜井善雄：水辺の緑化による水質浄化, 公害と対策 (臨時増刊), 24(9), 899–909 (1988)

49) 川村 實・樋口澄雄・清水重徳：アシ原による水質浄化, 第29回日本水環境学会年会講演集, 59 (1995)

50) 細見正明・須藤隆一：湿地による生活排水の浄化, 水質汚濁研究, 14(10), 674–681 (1991)

51) 建設省関東地方建設局霞ヶ浦工事事務所：霞ヶ浦の自然を生かした「植生浄化施設」,「ヘドロ」, No.50, 10–23 (1991.1)

52) 細見正明・吉ヶ江隆廣・樫内孝信・須藤隆一：浚渫ヘドロを用いたウエットランドシステムの開発に関する基礎的実験—人工ヨシ湿地の創出—, 用水と廃水, 39(7), 580–586 (1997)

53) 北詰正義・野口俊太郎：人工ヨシ湿地による生活排水の高度処理, 用水と廃水, 39(11), 1043–1047 (1997)

54) 細見正明：湿地による水質浄化, 用水と廃水, 32(8), 716–719 (1990)

55) 加藤智博・除 開欽・千葉信男・樫内孝信・細見正明・須藤隆一：浚渫ヘドロ上におけるヨシ原の創出手法の開発とその評価, 土木学会論文集, No.597/VII-7, 1–10 (1998.5)

56) 中里広幸・猪狩俶将：生態系を利用した (水耕栽培) 低コスト水浄化法, 工業用水, No.428, 30–44 (1994)

57) 相崎守弘・中里広幸：植物水耕栽培系における根圏生物の変化と栄養塩の除去, 水環境学会誌, 18(8), 624–627 (1995)

58) 相崎守弘・中里広幸：富栄養化湖水の浄化のための水耕生物ろ過法を用いた人工湿地の開発, 水環境学会誌, 20(9), 622–628 (1997)

59) 中里広幸：ビオパーク方式による作物生産を通じた浄化, 用水と廃水, 40(10), 867–873 (1998)

60) 前川丈夫：「水耕生物ろ過法」による水質浄化,「ヘドロ」, No.75, 22–30 (1999.5)

61) 相崎守弘・中里広幸・皆川忠三朗・朴 済哲・大橋広明：水耕生物ろ過法と酸化池の組合わせによる下水処理水の高度処理, 用水と廃水, 37(11), 892–899 (1995)

62) 須田 燕：リビング・フィルター (汚泥処理と植物の利用),「ヘドロ」, No.13, 39–43 (1978)

63) 大槻 忠：水生生物を用いた環境改善・創造 (1) ─水生植物─,「ヘドロ」, No.58, 25–29 (1993)

64) 三島 亨：水生植物による水域浄化システム─Bio Filter System─,「ヘドロ」, No.33, 43–48 (1985)

65) 茅野秀則・西原 潔・中久喜康秀：バイオフィルターシステムについて (水生植物による水域浄化システム),「PPM」, 17(8), 2–9 (1986)

66) 尾崎保夫・阿部 薫：バイオジオフィルター (植物-ろ材系) による水質浄化, 農村における水質浄化技術シンポジウム (主催：財団法人日本土壌協会), 37–54 (1990)

67) 尾崎保夫・阿部 薫：植物を活用した資源循環型水質浄化技術の課題と展望─潤いのある農村景観の創出を目指して─, 用水と廃水, 35(9), 771–783 (1993)

68) 尾崎保夫・尾崎秀子・阿部 薫・前田守弘：有用植物を用いた生活排水の資源循環型浄化システムの開発─排水中の窒素, りんを資源とした新たな取組み─, 用水と廃水, 38(12), 1032–1037 (1996)

69) 尾崎保夫：生態工学を導入した農村地域の水質改善, 用水と廃水, 40(11), 912–918 (1998)

70) 阿部 薫・尾崎保夫：バイオジオフィルターによる水質浄化, 月刊「ALPHA」, No.66, 10–17 (1993)

71) 宗宮 功・津野 洋・池田建志・神村正樹：下水二次処理水による花卉植物の水耕栽培に関する研究, 下水道協会誌論文集, 27(316), 45–52 (1990)

72) 津野 洋・宗宮 功・深尾忠司・神村正樹：花卉植物の水耕栽培による下水二次処理水からのりん及び窒素の除去に関する研究, 下水道協会誌論文集, 27(316), 53–60 (1990)

73) 平野浩二・吉田克彦・井上 充・井口 潔：花卉の水耕栽培による生活雑排水中の窒素およびりん除去について, 全国公害研会誌, 16(3), 15–20 (1991)

74) 横浜市環境科学研究所：キショウブによる水質浄化法─実験報告書─, 121pp. (1994)

75) 平野浩二：団地浄化槽処理水による花卉の水耕栽培と栄養塩除去, 用水と廃水, 36(7), 593–602 (1994)
76) 平野浩二：花卉の水耕栽培による団地浄化槽2次処理水の栄養塩除去, 資源環境対策, 31(12), 1041–1050 (1995)
77) 古川憲治・藤田正憲・重村浩之・生駒市生活環境部環境管理課：水生植物の栽培を組み入れた接触酸化法による汚濁都市河川の浄化, 用水と廃水, 40(3), 225–233 (1998)
78) 武藤暢夫 (編)：公害防止のための業種別排水処理実務マニュアル―プラント計画から管理まで―, オーム社, 447pp., 東京 (1973)
79) 柳井 弘：活性炭読本, 日刊工業新聞社, 245+8pp., 東京 (1978)
80) 石田耕一・櫻井敏朗・須藤隆一・平井正直・真柄康基・渡部 勇：活性汚泥法, 思想社, 295pp., 東京 (1980)
81) 岩井重久・加藤健司・佐合政雄・野中八郎 (編)：廃水・廃棄物処理―廃水編―, 講談社, 538pp., 東京 (1997)
82) 井出哲夫 (編著)：(第二版) 水処理工学―理論と応用―, 技報堂出版, 738pp., 東京 (1990)
83) 「用水と廃水」編集委員会：特集・膜分離による高度水処理技術 (1), 用水と廃水, 41(4), 277–323 (1999)
84) 「用水と廃水」編集委員会：特集・膜分離による高度水処理技術 (2), 用水と廃水, 41(5), 377–427 (1999)

第9章

窒素およびりんの除去技術と事例

　昭和57年12月に湖沼の窒素およびりんに係る環境基準，そして昭和60年7月には窒素およびりんの排水基準が設定されると同時に，窒素とりんのそれぞれの排水基準が適用される湖沼が指定された。

　その後，環境省（旧環境庁）は国土交通省（旧建設省）などの関係各省や地方公共団体の協力を得て行った窒素・りん規制対象湖沼の要件*に関する調査結果に基づき，それに該当する湖沼を窒素・りん規制湖沼の対象に追加するため平成10年6月に環境庁告示を改正し，平成10年8月に施行した。その結果，窒素およびりんの規制対象湖沼は，既規制の湖沼（窒素で78，りんは1,066湖沼）を合わせて，全体でそれぞれ201および1,200湖沼になった。また，この追加された湖沼流域に立地する特定事業場は4,296事業場（うち窒素規制が1,499，りんが2,823事業場），そしてこのうち新たに国の窒素・りんの排水基準〔窒素含有量：120 mg/ℓ（日間平均60 mg/ℓ），りん含有量：16 mg/ℓ（日間平均8 mg/ℓ）〕の適用を受ける特定事業場は，484事業場（窒素規制が111，りんは373）である[1]。

*窒素・りん規制対象湖沼の要件[1]
- 窒素規制対象湖沼：りん規制対象湖沼のうち，窒素の濃度に対するりんの濃度の比が20以下（この比は，藻類の増殖にとって窒素が制限因子になっているかどうかの指標となる），かつりん濃度が0.02 mg/ℓ以上であること
- りん規制対象湖沼：水の滞留時間が4日間以上（藻類の平均的な生息日数に相当）であること

特に，この業種の内訳をみると，し尿浄化槽がもっとも多く195 (全体の40%)，ついで旅館81 (17%)，飲食店32 (7%)，下水道16 (3%) などの順となっており[1])，今日の公共用水域の主要な汚濁源である生活系が全体のほとんどを占めている。

一方，昭和53年6月に広域的な閉鎖性水域における環境基準の確保を目的に水質汚濁法の一部改正を行い，東京湾，伊勢湾および瀬戸内海を対象として制度化された水質総量規制は，平成13年度からは第1次～第4次を経て，新たに第5次水質総量規制が実施される。この中では，総量規制の対象項目として従来のCOD規制に加え，窒素およびりんが指定され，総合的，かつ計画的な汚濁負荷削減が図られようとしている[2])。

このように，窒素およびりんの規制をめぐっては公共用水域のみならず，事業場排水についても，今後，一段と厳しく監視され，さらには一律基準から上乗せ基準へと，ますます強化されていくように思われる。特に，平成11年2月に硝酸性窒素および亜硝酸性窒素が人の健康の保護に関する環境基準項目に追加されたことは，それに拍車をかける兆しともいえる。

今日の公共用水域における水質汚濁の主因は，すでに第2章および第3章において述べてきたように，私たちの家庭が発生源となっている生活排水にある。ここで，生活排水を第2章で述べたようにし尿と雑排水に分け，それぞれにおける水質汚濁発生負荷原単位をみると，表9.1に示すように，有機性物質を表すBODやCODでは雑排水で大きいが，栄養塩類の窒素およびりんについてはし尿が雑排水に比べ圧倒的に大きい[3])。

表9.1 生活排水における水質汚濁発生負荷原単位

排水	排水量 (ℓ/人·日)	BOD (g/人·日)	COD (g/人·日)	T-N (g/人·日)	T-P (g/人·日)
生活排水	250	45	23	8.5	1.0
・雑排水	200	29	13	1.5	0.3
・し尿	50	16	10	7.0	0.7

(文献[3]) より一部引用)

[9] 窒素およびりんの除去技術と事例

　一方,生活排水の抜本的対策と叫ばれ,大きく期待されている下水処理場における放流水の窒素およびりんをみると,表3.1に示したように,排水基準は満たしているものの,現実には,あたかもアオコ (*Microcystis aeruginosa*) の培養液 (表3.4と対比) にも匹敵するほどの濃度を示している。ましてや,日本の総人口の約34％に相当する4,237万人のほとんどが利用していると推測される単独処理浄化槽 (約727万基) からの放流水にいたっては,表3.5に示したように,窒素およびりんの濃度はすこぶる高い。また,下水処理場よりは劣るが,単独処理浄化槽に比べ処理性能が優れているとして国が設置を推進している合併処理浄化槽 (表3.5参照) においても同様のことが言える。

　今日の水域における富栄養化は,結局は,このような状況を背景にしてもたらされたといえ,今後の抜本的な富栄養化対策,要するに窒素およびりんの対策は,何にもまして,し尿対策がきわめて重要な課題になるといえる。一方,生活排水で汚濁した各地の湖沼,河川および排水路で対症療法的に実施されている水質浄化は,第6章,第7章および第8章の事例などを通して紹介したように,ほとんどが有機性物質の指標であるBODやCODを対象としたものであるが,これからは,窒素およびりんの除去が優先的に求められることは必至である。

　最近,生活排水関連の処理施設における窒素およびりんの除去は,し尿処理場 (窒素・りんの除去はかなり徹底的に行われている場合が多い) を除き,本腰を入れた取り組みになってきているが,水域でのそれらについては,必要性が叫ばれているものの,さほどではない。しかし,各種事業場排水における窒素・りんの除去技術は,これまでにいろいろと開発され,実に多くの方法がある。そしてそれらのなかには多少の改良を加えることによって生活排水や水域の窒素・りんの除去に応用し得る技術が数多くあるといえる。

　この章では,これらの中から窒素およびりんのそれぞれの除去,またはそれらの同時除去が可能な技術について個々に取り上げる。しかし,実際に紹介する技術は,あくまでもこの書が目的とする公共用水域 (湖沼,河川,排水路を指す) の浄化との関連で窒素およびりんの除去が,今後,大いに期待できる (実験レベルの結果を含め),あるいはすでに実用化レベルで利用されている技術に限って

述べることにする．このことから，除去効果がいかに秀でていたとしても

- 水域は国民の共有財産であり，しかも何人も自由に出入りできることに鑑み，安全性の確保に難がある
- 劇薬などや取り扱いに注意を要するような特殊な薬剤を用いる
- 施設の運転や維持管理などに非常に高度の知識を必要とする

などのような技術は，個人的な見解ではあるが，公共用水域の浄化技術としてはふさわしくないと考えるので，これらの技術については一切触れないことにする．

9.1　窒素の除去技術

　図9.1は，水域における窒素除去のみを対象とした方法を示しており，それは，大きく生物学的方法と物理化学的方法の2つに基づいている．しかし，いずれの方法に基づく技術であったとしても，窒素のすべての存在形態に対して除去が可能というわけではない．

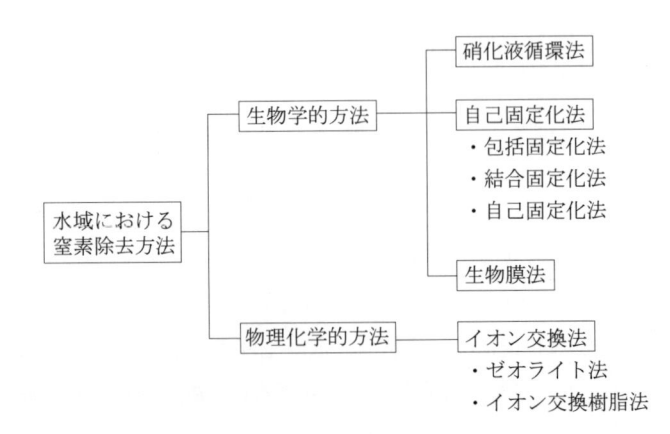

```
水域における        ┌─ 生物学的方法 ──┬─ 硝化液循環法
窒素除去方法 ──────┤                  ├─ 自己固定化法
                    │                  │   ・包括固定化法
                    │                  │   ・結合固定化法
                    │                  │   ・自己固定化法
                    │                  └─ 生物膜法
                    └─ 物理化学的方法 ─── イオン交換法
                                           ・ゼオライト法
                                           ・イオン交換樹脂法
```

図 9.1　水域における窒素除去技術

[9] 窒素およびりんの除去技術と事例　**189**

　一般に，水域における窒素の存在形態は，第5章に述べたように，湖沼，河川および排水路のそれぞれで異なるが，大きくは有機態窒素と無機態窒素の2つ，そしてさらに前者は粒状態窒素と溶存態窒素，また後者はNH_4-N，NO_2-NおよびNO_3-Nの存在形態に分けられる。このため，窒素除去の技術選択には，対象とする水域での窒素がどのような形態で存在しているのかを，まず見極めることが必要である。

9.1.1　硝化液循環法

　この方法は，わが国においては，昭和48年以来し尿処理に適用され，今ではし尿処理における高窒素除去技術として確立されている[4]。このことから，この技術の詳細な解説などについては数多くの関連図書や文献などがあるので，ここでは概説程度にとどめる。

　この方法に基づく施設は，基本的には脱窒槽，硝化槽，沈殿槽の3つから構成されている。窒素の除去は，端的には硝化槽の硝化液を脱窒槽に循環し，そこで流入水中の炭素源を利用して脱窒，すなわち，自然界の中でごく普通に起こっている硝化反応と脱窒反応を排水処理工程の中で効率よく起こさせ，最後は無害な窒素ガス（N_2）として大気に放出する機構に基づいている。

　硝化反応は好気条件を必須として，以下の2つの反応（BODの除去終了後に生じる）

1. 亜硝酸化：独立栄養細菌に属する亜硝酸菌（代表種：*Nitrosomonas*）によるNH_4-NのNO_2-Nへの酸化で，反応式は

$$NH_4^+ + 1.5O_2 \rightarrow NO_2 + H_2O + 2H^+$$

2. 硝酸化：硝酸菌（代表種：*Nitrobacter*）によるNO_2-NのNO_3-Nへの酸化で，反応式は

$$NO_2^- + 0.5O_2 \rightarrow NO_3^-$$

を包含して総称したものである。実際には,この2つの反応は好気条件下で継続的に起こるため

$$NH_4^+ + 2O_2 \rightarrow NO_3^- + H_2O + 2H^+ \cdots\cdots(a)$$

の一つの反応式で示される。

しかし,この反応を実際の水質浄化施設で起こさせるには硝化菌の活性を高める必要がある。そのためには十分な溶存酸素と,その他のいくつかの要因,すなわち

- 酸素濃度:NH_4^+をNO_3^-まで酸化するのに消費される酸素量は,(a)式より求められる$2O_2/N = 4.57 \, kgO_2/kgNH_4\text{-}N$であるので,これを越えるある一定以上の濃度であること
- 水温:水温の硝化菌の活性に対する影響は非常に大きいので,15°C以上(至適水温:25〜30°C)を維持すること
- pH調整:硝化菌の活性に最適なpHは中性から弱アルカリ性であり,最大活性は8.4付近で示すこと
- 硝化菌阻害物質の除去:シアン,重金属物質などは硝化菌そのものに対して有毒であるため,予め除去しておくこと
- 汚泥滞留時間:硝化細菌の増殖速度はかなり遅いため,汚泥の引き抜きが硝化菌の増殖量を越えないこと

などを整える必要がある[5)〜9)]。

一方,脱窒反応は,硝化反応とは逆に,嫌気条件を必須として,脱窒菌(特別な細菌ではなく,好気および嫌気のいずれの条件下でも増殖できる通性嫌気性菌)の呼吸に必要な酸素として硝化反応で酸化したNO_2^-,あるいはNO_3^-を分子状酸素の代わりに消費させ,窒素ガス(N_2)にまで還元させることである。それらの呼吸反応は

1. 亜硝酸呼吸:

$$2NO_2^- + 3H_2 \rightarrow N_2 + 2H_2O + 2OH^-$$

2. 硝酸呼吸:

$$2NO_3^- + 5H_2 \rightarrow N_2 + 4H_2O + 2OH^-$$

で示される。そしてこれらの反応を円滑に行わせるには,酸素濃度がゼロの嫌気状態であることの他に

- 水温:脱窒菌の活性は水温の上昇とともに高まるが,至適水温は,一般細菌と同様,28～35℃であること
- pH:アルカリ性側の7.5～8.5が最適であること
- 水素供与体量:亜硝酸および硝酸呼吸に不可欠な水素供与体*,要するに還元するNO_3^-量に相当する有機炭素源があること

などの条件を満たすことが必要である[5)～9)]。

このように硝化および脱窒の反応式をみると,硝化液循環法は,第5章で述べたように,生活排水などによって多くの有機性物質に富み,また窒素の形態の多くがNH_4-Nで存在している生活排水で汚濁した河川水および排水路の窒素除去には,かなり適応性が高い技術と思われるが,この実用レベルでの事例は,今のところ,ほとんどみることができない。しかし,最近,当該方法に基づく窒素除去に関して,参考程度にすぎないが,著者らが行った河川水を対象にした屋外での実験レベル,および実際の排水路で行った小規模レベルでの事例があるので,それぞれについて概要を紹介する。

---

*水素供与体:上述の亜硝酸呼吸および硝酸呼吸の反応式で$3H_2$とか$5H_2$で示されているのが水素供与体である。NO_2^-やNO_3^-から酸素を奪う物質で,還元剤とか有機炭素源ともいわれている。この意味では,脱窒反応においては嫌気条件と並んで水素供与体の供給は重要である。通常,汚水の窒素除去では,BOD成分が水素供与体としての役割を果たすが,BODと窒素の比が3以下になると,水素供与体が不足するため,何らかの有機炭素源を供給する必要がある。メタノールはその典型的物質で,最も一般的に用いられている[10)]。

事例1 河川水を対象にした実験レベルでの窒素除去 [11]

(1) 実験装置の概要と窒素除去対象水

当該実験装置は，図9.2に示すように，流量調整槽（容量：$0.3\,m^3$），ポリ塩化ビニリデン系繊維のひも状接触ろ材を縦方向に固定した架台を設置した2槽の脱窒槽と2槽の硝化槽（各槽の容量：$0.091\,m^3$），沈殿槽（容量：$0.02\,m^3$）から構成される。そして脱窒槽には撹拌機（1,350回転/min），硝化槽には散気管（エアー量：$7\,\ell/min$）をそれぞれ備え付けている。

実験に供した窒素除去対象水は，7.7節の事例で紹介した高根川接触酸化浄化施設の沈砂槽に導水した高根川河川水の一部を用いた。実験期間中（平成10年2月～平成11年2月）の水質は，pHが7.3～7.4，BODは$20\sim46\,mg/\ell$，T-Nは$5.34\sim7.62\,mg/\ell$，NH_4-Nは$2.41\sim3.34\,mg/\ell$，そしてNO_2-N $+$ NO_3-Nは$0\sim0.24\,mg/\ell$であった。

なお，実験装置への流入水量は$1.04\sim1.94\,m^3$/日，また1槽あたりの滞留時間は約1時間である。

(2) 実験の目的と結果

実験は，硝化液循環法を用いた窒素除去に及ぼす諸因子の影響を把握することを目的に行った。その結果は

- 硝化液循環比の影響：循環比（硝化液循環水量/原水流入水量）を1, 2, 3, 3.5の4段階で行った。循環比1では除去率が40～50%，循環比2は30～40%，循環比3は20～30%と，循環比が大きくなるに従って除去率は低下する傾向がみられた。

- 流入水BOD濃度の影響：流入水中のBOD濃度の増加とともに除去率は高まるが，BOD濃度が$30\,mg/\ell$以下では，除去率は最大でも40%前後が限界であった。しかし，水素供与体としてメタノールを添加することによって最大70%の除去率を得ることができた。

- 水温の影響：巨視的には，除去率は15°C以下で低下し始め，10°C以下で急速に低下した。

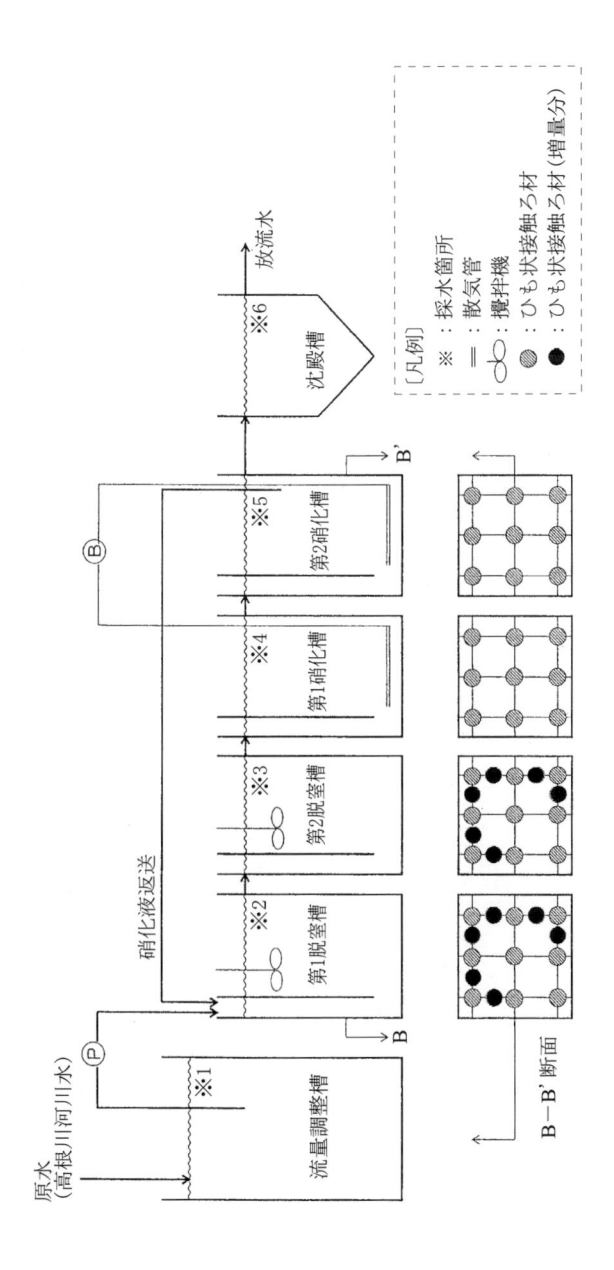

[9] 窒素およびりんの除去技術と事例　　**193**

図9.2　硝化液循環法による窒素除去の実験装置[10]

- 接触ろ材充填密度の影響：接触ろ材が9本と15本の充填では，結果的には15本の方で除去率が高かった．ただし，これについては，さらなる実験が必要とされる．

事例2　排水路における小規模レベルでの窒素除去 [12]

(1) 施設の概要と窒素除去対象水

当該施設は，かつて著者らが排水路のBOD, 窒素およびりんの同時除去を目指して開発を進めていた実験水路での結果に基づき[13][14]，新たに実用化に向け千葉県富里町七栄地区一般排水路（5.2.3項参照）に設置した小規模な施設である．

施設の構造は，図9.3に概略図を示すように，原水槽（容量：$3.82\,\mathrm{m}^3$），沈砂槽（容量：$2.25\,\mathrm{m}^3$），嫌気槽および好気槽（嫌気・好気ともに長さ$19.5\,\mathrm{m}\times$幅$0.5\,\mathrm{m}$$\times$深さ$0.5\,\mathrm{m}$），沈殿槽（長さ$7.5\,\mathrm{m}\times$幅$0.5\,\mathrm{m}\times$深さ$0.5\,\mathrm{m}$）から構成され，接触ろ材には写真8.1に示したポリプロピレン系繊維のひも状ろ材を用いている．

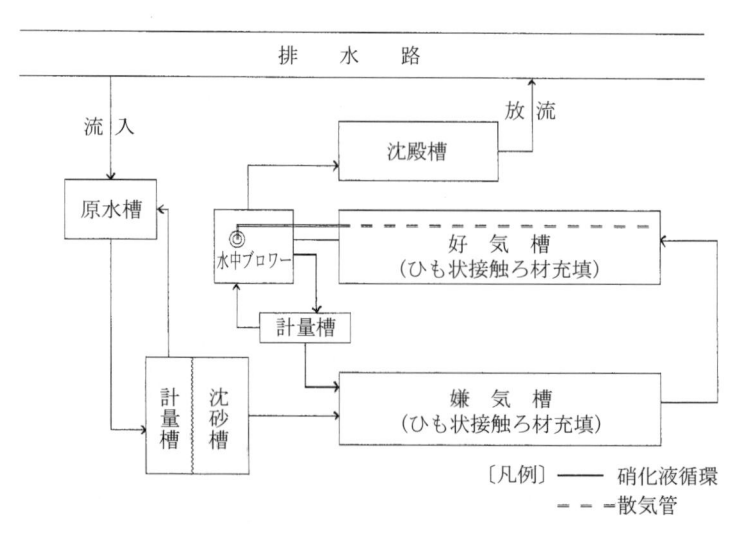

図9.3　硝化液循環法による排水路の窒素除去実験施設の概略図

(2) 実験の概要と結果

　当該現場立証実験は，硝化液循環法に基づく河川・排水路の窒素除去技術の確立を目的に，実際の排水路汚濁水を対象として，千葉県が独自に創設した環境新技術推進制度（エコテクサポート）に基づき審査を行い選んだ県内に立地する水処理部門を有する企業と平成10～11年度の2年間にわたり共同で行った実験の一つである。

　図9.4は平成10年度と平成11年度における実験での原水および処理水の窒素濃度と，その除去率をそれぞれ示している。

　結果は，平成10年度の窒素除去率がだいたい夏季で30～40％，冬季は5～25％と夏季に比べ低かったが，この原因としては

- 好気槽でのばっ気が側面ばっ気方式であることと，これに連行して生じる流動が弱く，汚濁水が接触ろ材と十分に接触せず，硝化率（約50％程度）が低下したこと

- 冬季の低い除去率は水温の影響もあるが，嫌気槽での自然流下では，硝化循環液が接触ろ材と十分に接触せず，脱窒率が低下したこと

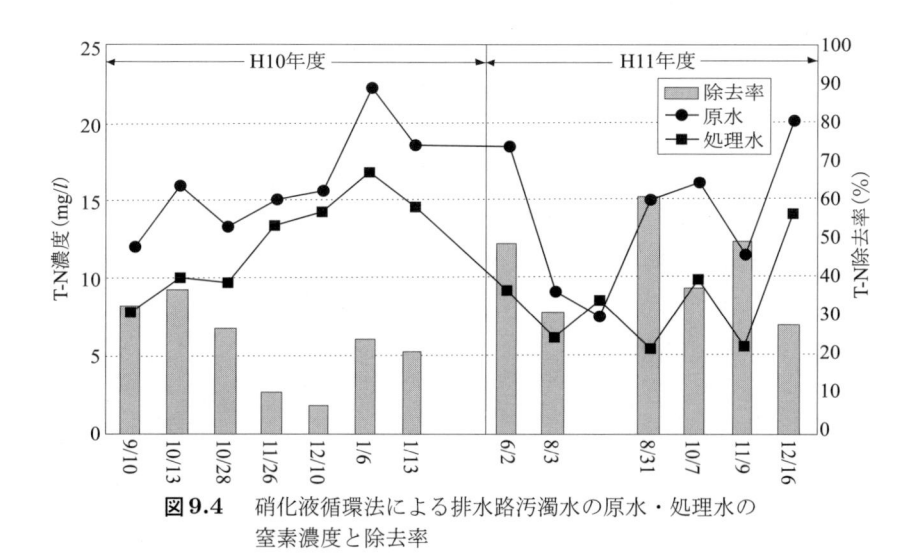

図9.4 硝化液循環法による排水路汚濁水の原水・処理水の窒素濃度と除去率

- 硝化液循環を水中ポンプで直接行ったため, 循環水量の調整に難をきたし, 循環比 (平均0.69, 最小0.33〜最大1.22) が大きく変動したこと

などが考えられた。

これらのことに鑑み, 平成11年度では実験条件の改善策として

- 好気槽のばっ気方式を側面ばっ気から全面ばっ気に換えて, 接触ろ材との接触を強化
- 嫌気槽内に撹拌機を設置して槽内全体を流動化して, 接触ろ材との接触を強化
- 嫌気槽に注入する硝化液循環水量 (比) を一定にするため, 計量槽を設置

するなどを行った。

この結果, 硝化率はほぼ100％, そして窒素の除去率は冬季の低水温の影響を受けることなく, 年間を通し30〜60％を維持することができた。

9.1.2 微生物固定化法

好気条件下での硝化反応と嫌気条件下での脱窒反応の組み合わせに基づいて汚濁水中の窒素除去を図ろうとする生物学的方法は, 従来, 活性汚泥法を応用した活性汚泥変法, いわゆる硝化液循環法に適用されていたが, この適用においては

- 硝化菌の増殖が他の活性汚泥中の細菌類に比べ, かなり緩速であること
- 活性汚泥法が潜在的に抱える汚泥の流出と同様に硝化菌の流出が避けられないこと

の問題点があった。

最近, 生活排水処理の分野などでの実用化が可能となってきた当該固定化法は[16]〜[21], まさに上記の問題点を解決した方法といえる。今のところ, 水域浄化において実験レベルおよび実用化レベルでの応用実例はないが, この技術が有している特徴, たとえば

- 微生物を高濃度で固定できる
- 温度やpHの変化に強い
- 流動性がよく,摩耗が少ない
- 高負荷に耐え得る

などからして,今後,水域の窒素除去技術として大いに期待できるものと思われる。

なお,現在この方法には,大別して,微生物を高分子含水の微細な格子構造の中に取り込み包括する包括固定化法,水に不溶性の多孔質担体に付着する結合固定化法,微生物そのものを凝集集塊化(グラニュール)する自己固定化法(自己造粒法)の3つがあるが[19)21)],当然のことながらそれぞれには,長所と短所がある。

表9.2は,微生物各固定化法におけるそれぞれの長所と短所を大まかに示している[22)]。

表9.2 微生物各固定化法における長所と短所

固定化法	長 所	短 所
包括固定化法	・任意の菌を任意の菌体量で固定できる ・担体からの菌体のはく離が起こりにくい	・固定化操作が繁雑である ・微生物が担体表面近傍でしか増殖できない ・担体の素材が微生物活性を阻害する場合がある
結合固定化法	・固定化操作が簡単である ・固定化菌の再活性化が容易である	・担体がSS成分によって目づまり(閉塞)の可能性がある
自己固定化法 (自己造粒法)	・装置の構造が簡単である ・長期の運転停止による飢餓状態にも耐え得る ・包括固定や担体を必要としない	・装置立ち上げ操作が繁雑でその期間が長い ・排水によってはグラニュールが形成されにくい

(文献[19)]より一部引用,一部加筆)

9.1.3 生物膜法

生物膜法は，端的には微生物を支持体 (担体，接触ろ材とも称す) に付着させ，膜状に増殖した生物膜によって汚水の処理を行う方法で，古くは固定床式による散水ろ床法，回転接触体法 (回転円板法)，接触ばっ気法，最近では流動床式による生物ろ過法などと実に多種多様である[22]。しかし，いずれの方法であったとしても窒素除去は硝化反応と脱窒反応が基本となっている。現在，窒素除去を目的とした代表的かつ事例の多い方法としては固定床式の接触ばっ気法があるが，今後は，生物ろ過法が更なる改善によって実用化がかなり可能になるといえる。

(1) 接触ばっ気法

当該方法は，好気条件下で設置した支持体 (いろいろな接触ろ材。8.1.2項参照) に付着して膜状に増殖した好気および嫌気微生物，藻類，原生動物，さらには微小後生動物などから構成される一つの生態系 (生物膜の形成) の機能によって汚水の処理を行う方法である。すでに河川の浄化技術として第7章に紹介した礫間接触酸化および接触ろ材接触酸化，また排水路の浄化技術の事例として8.1節に紹介したいろいろな接触ろ材充填，ならびに接触酸化は，この方法に基づいた技術である。

この方法における主な長所としては

- 生物膜は活性汚泥とは異なり，比較的長い期間にわたり安定して保持されること
- 阻害物質の影響は生物膜の外表面に止まり，生物膜の内部にまで及ばないこと
- 生物膜は一つの生態系を構成していることから，食う食われるの関係，いわゆる食物連鎖によって余剰汚泥の発生が少ないこと
- 維持管理がすこぶる簡単であること

がある[22]。中でも，特に窒素除去との関連において，生物膜の長時間にわたる保

持は,硝化反応に必須の好気条件を生物膜の表面から数百μm(約0.2mm)で維持し,そしてそこから支持体の表面までは脱窒反応に必須の嫌気条件を維持するというように,同一の生物膜内で窒素除去が可能な条件を作りだしている[23)24)]。

一方,短所は,生物膜を保持する支持体(接触ろ材)の比表面積を構造上大きくできないため,処理能力に限界がある点である[24)]。

(2) 生物ろ過法

当該方法は,生活排水の高度処理における分野で開発され,実用化されている技術であり[4)25)〜29)],ろ床,酸素供給の方法,流れの方向などでいろいろな方式がある[28)]。支持体には生物膜の付着面積が他の支持体に比べ圧倒的に広くとれる粒状の砂,活性炭,無煙炭(アンスラサイト),発泡プラスチック,セラミックなどが用いられ,粒径は3〜10mmと比較的大きい[23)24)]。

この方法による窒素除去を目的とした維持管理では,原水が流入(原水の施設への流入には上向流と下向流がある)する側の支持体面に形成された生物群集の生物ろ過膜によって溶存酸素が消費されるため,硝化反応の維持には酸素の供給が不可欠となる。しかし,このことによって支持体の嫌気層厚が確保できず脱窒が十分に行われないこともあり,酸素供給の制御は,上述の接触ばっ気法に比べてかなり複雑になるといえる。

このことから,生物ろ過法では,一般的には支持体を充填した一つの槽内において,中間部から酸素を供給して上層部を好気条件,下層部を嫌気条件に設定し,そして原水は槽底部より注入して循環させる,あるいは槽全体を好気と嫌気の断続制御によって硝化・脱窒を行う固定床式が広く用いられているようである。

9.1.4 イオン交換法

当該方法による窒素除去には,NH_4-Nを選択的に除去するゼオライト法と,陽イオン交換樹脂でNH_4-N,そして陰イオンでNO_3-Nを除去するイオン交換樹脂法がある。除去の原理は両者で異なり,前者はイオン交換と吸着の両作用,後者はイオン交換作用のみに基づいている[5)]。しかし,NH_4-Nの除去は,いずれの方法ともイオン交換作用に基づくため,自ずとイオン交換能は低下し,再生

が必要になると同時に，その再生法や再生廃液の処理・処分法を予め念頭に置いておく必要がある。

(1) ゼオライト法

ゼオライト (沸石とも称される) は，アルカリ金属またはアルカリ土類金属を含有する結晶性のアルミノ珪酸塩として定義され，天然ゼオライトと合成ゼオライトがある。化学式は

$$M_{2/n}O \cdot Al_2O_3 \cdot xSiO_2 \cdot yH_2O$$
$$\text{ここで, M：アルカリ・アルカリ土類金属 (Na, K, Ca, Ba),}$$
$$n：価数, x：2〜10, y：2〜7$$

で表され[30]，特性は

- 3次元網目構造の中に分子レベルの微細孔を有する
- イオン交換能を有する
- 固体酸性を発現する
- 極性分子の吸着能を有する

ことである[31]。

ゼオライト法による窒素除去は，これらの特性のうち分子レベルの微細孔による吸着作用と，イオン交換能によるイオン交換作用を利用したものである。吸着量は天然ゼオライトが合成ゼオライトに比べてバラツキが小さい。しかし，産地や種類によっては吸着量に差がみられるので，選択には注意を要する[5]。中でも日本で産出が多い斜プチロル沸石 (Clinoptilotite) はアンモニアを多量に吸着することで知られている[7]。

(2) イオン交換樹脂法

イオン交換作用は，まったくの化学的反応であり，陽あるいは陰イオンの交換性はイオン交換基の種類によって異なってくる。

強酸性基のスルホン酸基 (-SO_3H) や弱酸性基のカルボン酸基 (-COOH) は陽イオン交換基,そして弱塩基性基のアミン基 (-N^+H_2) は陰イオン交換基としてもっとも一般的である[30]。たとえば,イオン交換樹脂法による窒素除去では,イオン交換樹脂はNH_4-Nで強酸性のナトリウム形,またNO_3-Nでは強塩基性の塩素形が使用される[5)7)]。その交換反応はそれぞれ

$$R\text{-}Na + NH_4 \rightarrow R\text{-}NH_4 + Na$$
$$R\text{-}Cl + NO_3 \rightarrow R\text{-}NO_3 + Cl$$

の式で示される。

9.2 りんの除去技術

公共用水域におけるりんの存在形態は,第5章に述べたように,湖沼では粒状態りん(極端にはアオコで代表されるように植物プランクトンも含まれる),そして河川および排水路では無機態のりん酸態りん (PO_4-P) が大部分である。このため,りんの除去技術の選択には水域におけるりんの存在形態の確認と同時に,水域でのりん濃度は事業場排水や生活排水処理施設での放流水に比べかなり低濃度(一般的に,低濃度の処理は高濃度に比べて難しい)であるという事実を念頭に置いておく必要がある。

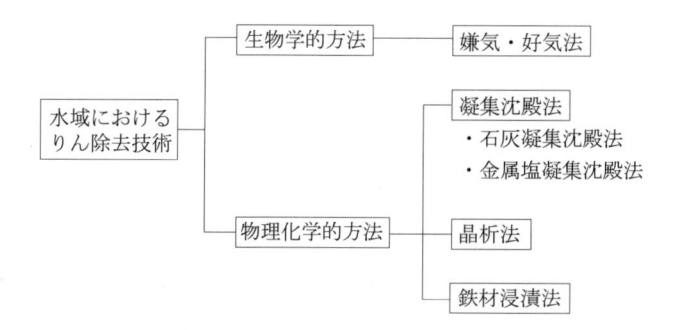

図9.5 水域におけるりん除去技術

図9.5は，水域におけるりんの除去技術として適用が可能，あるいはすでに実用化レベルに達しているものを示している。それぞれの技術における除去原理や特徴などについては，すでに多くの図書や文献での解説があるので，ここでは概説程度に述べる。

9.2.1　嫌気・好気法

りんの除去方法として，従来は，処理が安定で効果の高い薬剤を使用した化学的処理（いわゆる後述する金属塩を用いる凝集沈殿法）が主流であった。しかし，この処理では維持管理費が高く，かつ汚泥発生量が多いという問題点を有していた[32)33)]。

当該方法はこの問題を解決することに加え，有機物および窒素の同時除去と，条件によっては良好なりん除去が可能であるという特徴を有し，いまでは日本はもとより，ヨーロッパにおいても最も普及している生物学的りん除去方法の一つである[32)]。この方法におけるりん除去は，活性汚泥プロセスで早くから知られていた現象，すなわち微生物が増殖する際に必要以上にりんを"過剰摂取"する現象を利用したものである〔詳細については第11回国際水質汚濁研究協会（IAWPR）における生物学的りん除去プロセスセミナーの発表論文抄録集を参照[34)～36)]〕。具体的な方式としては

1. 好気過程で微生物にりんを過剰に摂取させ，余剰汚泥として系外に排出
2. 好気過程でりんを過剰摂取した汚泥から嫌気過程においてりんを放出させ，汚泥を固液分離した後，液中のりんを石灰を用いて凝集沈殿処理し系外に排出

の2つがあり，本質的にはいずれも生物作用が主であることと，嫌気過程では溶存酸素および硝酸・亜硝酸が存在しないことが前提となっている。しかし，実際には，この他にもいろいろな因子がりん除去に影響を及ぼすことが実験などで知られている。たとえば

- pH：りんの摂取に至適なpHは中性付近であるが，りんの放出については嫌気条件下ではさほど関係がないこと
- 嫌気・好気時間：嫌気時間が長く好気時間が短い場合，りんの放出および摂取速度が速くなる傾向を示すこと
- 有機物負荷：高くても低くても好ましくないが，特に降雨等により有機物負荷が低下すると，嫌気槽で硝酸や溶存酸素が高濃度となり，りん除去が低下すること
- 廃水の種類：都市下水では比較的安定したりん除去が得られるが，し尿や工場排水では不安定であること

などである[37)～40)]。

現在，嫌気・好気生物学的脱りん法には，Bardenpho, Bardenphoを修正したPhoredox, UCT (University of Cape Town), 修正UCTプロセスなどのいろいろな変法があるが[32)37)]，これらの技術は，りんの除去のみならず，窒素をも同時に除去することを目的としたものである。りんの除去のみについては，基本的には，溶存酸素と硝酸が存在しない嫌気と好気の組み合わせで行われる。

図9.6は，りんの除去を目的とした最も基本的な嫌気・好気活性汚泥法を概念的に示している。構造的には，比較的単純で嫌気槽（返送汚泥からのりんの放出），好気槽（りんの摂取），沈殿槽（余剰汚泥の引き抜き）の3槽から構成されている。

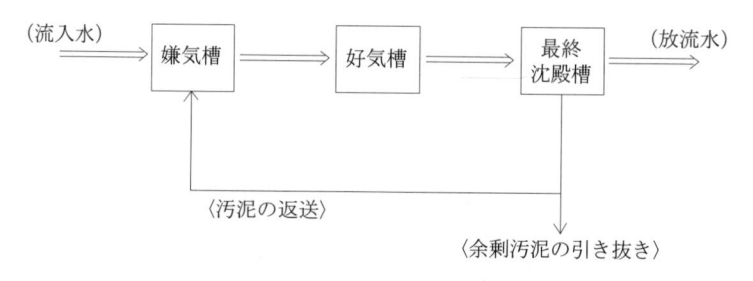

図9.6 嫌気・好気法による生物学的脱りんの概念図

9.2.2 凝集沈殿法

　当該方法は，主としてりん酸態りん (PO_4-P) を除去対象として開発されたものであるが，上述の生物学的脱りん法に比べて汚泥発生量が多く，また維持管理費 (薬剤使用のため) がかさむという短所がある。しかし一方では，長所として，原水のりん濃度に関係なく高い除去率が安定して得られること，また運転管理 (制御) が比較的容易であること，そしてBOD，CODおよびSSの除去も同時に期待できることなどから信頼性があり，現在，実用化されている物理化学的方法の中では最も多く用いられている。

　この方法はさらに，使用される凝集剤によって石灰凝集沈殿法と金属塩凝集沈殿法に分けられるが，りんの除去はいずれにおいても

- りん酸態りんが多価の陽イオンと結合して水に難溶性な化合物を生成する
- この化合物が他の成分を吸着しながら沈殿しやすい集合体 (フロック) を形成する

の2つの過程から成り立っている[41)～43)]。

(1) 石灰凝集沈殿法
　この方法におけるりん除去は，オルトリン酸イオンが水酸化イオンの存在下でカルシウムイオンと反応して

$$5Ca^{2+} + 4OH^- + 3HPO_4^{2-} \rightarrow Ca_5(OH)(PO_4)_3 + 3H_2O$$

水に不溶性のカルシウムヒドロキシアパタイト〔$Ca_5(OH)(PO_4)_3$〕を生成し，沈殿する。同時に，またカルシウムは共存するアルカリ度成分 (HCO_3^-) と反応して

$$Ca(OH)_2 + Ca(HCO_3)_2 \rightarrow 2CaCO_3 + 2H_2O$$

炭酸カルシウム ($CaCO_3$) を析出して，凝集フロックの沈殿を助長する[5)33)44)45)]。

　なお，この方法における操作上の煩雑性や問題などについては

- 反応を促進するため，pHを10.5以上に高める必要があるが，これによって自ずと処理水のpHも高まる。このことから，りん除去後の処理水は酸あるいは炭酸ガスで中和する必要があること
- 除去効果は高いが，石灰を多量に使用するため汚泥の発生が多いことと，処理反応施設にスケールが付着すること
- カルシウムアパタイトは沈降性が悪いため，それを促進するための高分子凝集剤などの添加が必要なこと

などがある[33)41)42)]。

(2) 金属塩凝集沈殿法

当該方法で除去対象とするりんは，主としてりん酸態りんである。その除去に使用される凝集剤は，アルミニウム塩の硫酸アルミニウム〔硫酸バンド，$Al_2(SO_4)\cdot 18H_2O$〕，アルミン酸ナトリウム（$NaAlO_3$），塩基性塩化アルミニウム〔$Al_n(OH)_mCl_{3n-m}$のポリマー，たとえばポリ塩化アルミニウム（$AlCl_3)_n$〕と，鉄塩の硫酸第1鉄（$FeSO_4\cdot 7H_2O$），硫酸第2鉄〔$Fe_2(SO_4)_3\cdot nH_2O$〕，塩化第2鉄（$FeCl_3\cdot 6H_2O$）などがあるが[5)23)]，実用的には，硫酸バンドと塩化第2鉄が主に用いられる。

それぞれの凝集剤とりん（以下，PO_4^{3-}で表すオルトリン）の反応は，硫酸バンドの場合

$$Al_2(SO_4)_3 + 2PO_4^{3-} \rightarrow 2AlPO_4 + 3SO_4^{3-}$$

と不溶性のりん酸アルミニウム（$AlPO_4$）を形成し沈殿する。この沈殿物は，有機りんとポリリンを吸着するという特性を有するので，このことによってりんのすべての形態が除去されることになる。一方，同時にアルミニウムイオンは水中のアルカリ度（以下，HCO_3^-で表す）と反応して

$$Al^{3+} + 3HCO_3^- \rightarrow Al(OH)_3 + 3CO_2$$

凝集性と沈降性に富む水酸化アルミニウムを生成し，りん酸アルミニウムを吸着沈殿する[44)～46)]。

また，塩化第2鉄の場合における反応は

$$FeCl_2 + PO_4^{3-} \rightarrow FePO_4 + 3Cl^-$$

と不溶性のりん酸鉄 ($FePO_4$) を生成し，上述のりん酸アルミニウムの沈殿物と同様，有機りんとポリリンを吸着する。また，同時に鉄イオンも水中のアルカリ度と反応して

$$FeCl_2 + 3HCO_3^- \rightarrow Fe(OH)_3 + 3CO_2 + 3Cl^-$$

水酸化第2鉄を析出，沈殿する。

　しかし，実際のりん除去において，いずれの凝集剤が処理，操作，維持管理などの面から効果的なのかについては

- 凝集フロックの沈降性は，鉄塩系ですぐれていること
- 凝集性および汚泥の濃縮・脱水性 (ポリマーや石灰の添加によってより容易) では鉄塩系がよいこと
- 汚泥の処理・処分は脱水性から，特にアルミニウムに難があること
- 鉄塩系は腐食性が高いので，貯蔵・取り扱いに注意が必要であること
- 処理コストとしては，鉄塩系が安価であること
- 汚泥の利活用としての土壌還元では，アルミニウム系でAlとPの結合が強く困難であるが，鉄塩系ではFe^{3+}がFe^{2+}となり，りんは溶解性となって植物に利用されやすいこと

などがあるが，大局的には鉄塩系が有利のようである[33)41)42)44)45)]。

　しかし以下では，規模の面から全国において初めての試みといわれているアルミニウム系凝集剤のポリ塩化アルミニウム (PAC) を使用した河川水のりん除去施設について紹介する。

事例　大津川支流（逆井）りん除去施設

　当該施設（滞留時間：約3時間）は，千葉県の柏市内を貫流して手賀沼に流入する大津川（図6.3を参照）の支流にある逆井（さかさい）という場所に建設され，平成13年4月に運転が開始された。

　図9.7および表9.3は，千葉県東葛飾土木事務所・同事務所柏支所が作成した

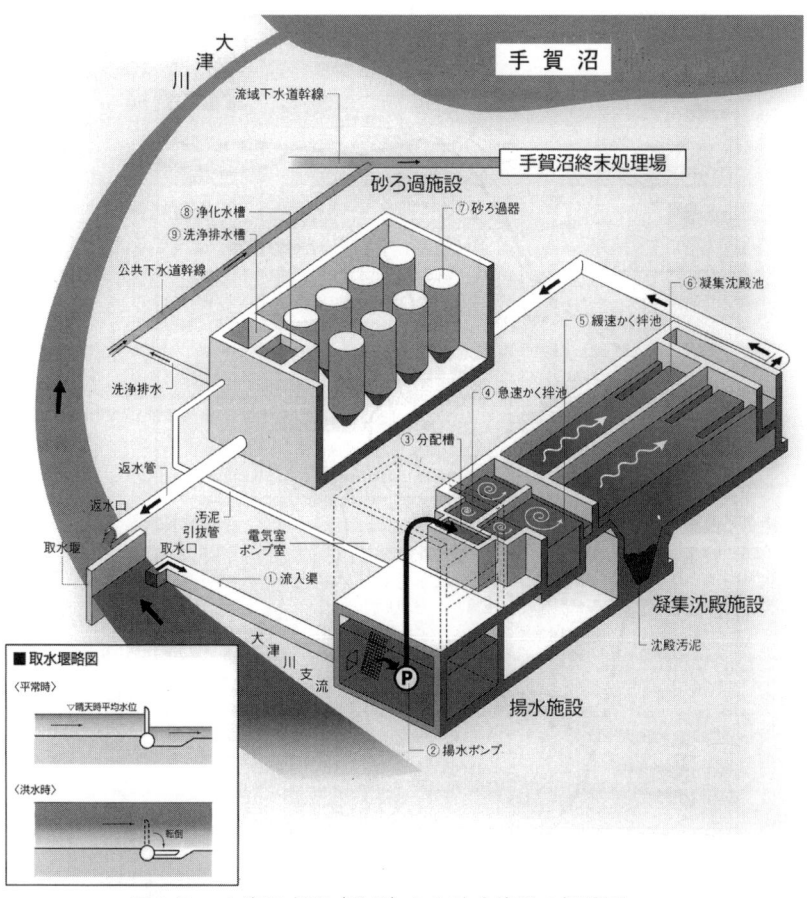

図9.7　大津川支流（逆井）りん除去施設の概略図
（千葉県東葛飾土木事務所のパンフレットより）

表9.3 大津川支流(逆井)りん除去施設の諸元(図9.7に対応)

```
大津川支流より取水
      │
      ▼
```

① 流入渠
水を取り入れます。
- 計画流入量：11,200㎥/日
- 形　状：矩形渠
- 寸　法：600×600
- 勾　配：0.4‰
- 延　長：約28m
- 管底高：Y.P.+10.260

→ **② 揚水ポンプ**
ポンプで水を汲みます。
- 形　式：吸い込みスクリュー付水中汚水ポンプ
- 台　数：2台
- 口　径：φ200mm
- 揚水量：3.9㎥/分
- 揚　程：10.0m
- 出　力：15kw

→ **③ 分配槽**
水を2つの水槽に分配します。
- 幅：2.30m
- 長：2.70m
- 水深：1.60m
- 池数：1池
- 有効水面積：6.21㎡
- 有効容量：7.45㎥
- 水面積負荷：1,800㎥/㎡・d
- 滞流時間：1分

⑥ 凝集沈殿池
時間をかけてフロックを沈降させます。上澄水を砂ろ過施設に送ります。
- 幅：6.00m
- 長：22.00m
- 水深：3.00m
- 池数：2池
- 水面積負荷：43.2㎥/㎡・d
- 容量：792㎥
- 滞流時間：1時間42分

← **⑤ 緩速かく拌池**
ゆっくりかきまぜてフロックを作ります。
- 幅：6.00m
- 長：6.00m
- 水深：3.30m
- 池数：2池
- 有効容量：238㎥
- 混和時間：31分

← **④ 急速かく拌池**
凝集剤を加えて強くかきまぜます。
- 幅：2.30m
- 長：2.60m
- 水深：1.95m
- 池数：2池
- 有効容量：23.3㎥
- 滞流時間：3分
- 凝集剤：ポリ塩化アルミニウム

⑦ 砂ろ過器
ろ過器に水を通して、さらに浮遊物を取り除きます。
- ろ過面積：6.0㎡/基
- 基数：8基
- ろ過速度：233m/d
- ろ過方式：移床式上向流運動型ろ過器
- ろ過時間：27分

→ **⑧ 浄化水槽**
浄化された水が溜まります。
- 幅：3.00m
- 長：2.8m
- 水深：3.0m
- 池数：1池
- 容量：25.2㎥

→ **⑨ 洗浄排水槽**
※凝集沈殿汚泥と洗浄排水をまぜて汚泥濃度600mg/ℓ以下に調整します。
- 幅：3.00m
- 長：3.50m
- 水深：5.15m
- 池数：1池
- 容量：54.1㎥
- 凝集汚泥量：169.9㎥/d
- 洗浄排水量：1,120㎥/d
- 貯留量：1日当りの1時間分

↓ 浄化水 → 大津川支流へ放流

↓ 洗浄排水・沈殿汚泥 → 公共下水道管へ放流

パンフレットで紹介している大津川支流（逆井）りん除去施設とその施設の諸元をそれぞれ示している。

りん除去は，ポリ塩化アルミニウム（PAC）を使用した凝集沈殿法と砂ろ過法の組み合わせによって行う。特徴的なことは，除去工程の凝集沈殿池で発生する汚泥（フロック）と砂ろ過施設での洗浄排水を混合し，汚泥濃度を $600\,\mathrm{mg}/\ell$ 以下で公共下水管に直接放流，そして手賀沼終末処理場で下水として処理する。いわば，これはわが国で初めての下水道事業と連携したりん除去施設である。

9.2.3 晶析法

当該方法におけるりん除去は，原理的には9.2.2項で述べた石灰を用いた凝集沈殿法と同様，水酸化イオンの下でオルトリン酸イオンがカルシウムイオンと不溶性のヒドロキシアパタイト（以下，アパタイトと略す）を生成する反応に基づいている。しかし，りんの除去機構は，石灰凝集沈殿法と晶析法では違いがある。

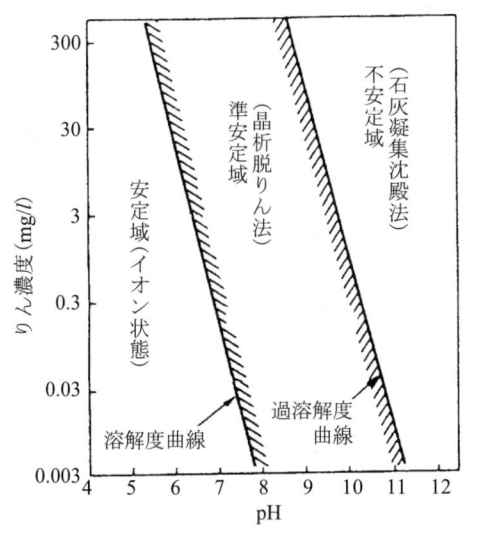

図9.8 ヒドロキシアパタイトの溶解度に及ぼすpHとりん濃度の関係（$\mathrm{Ca} = 40\,\mathrm{mg}/\ell$）

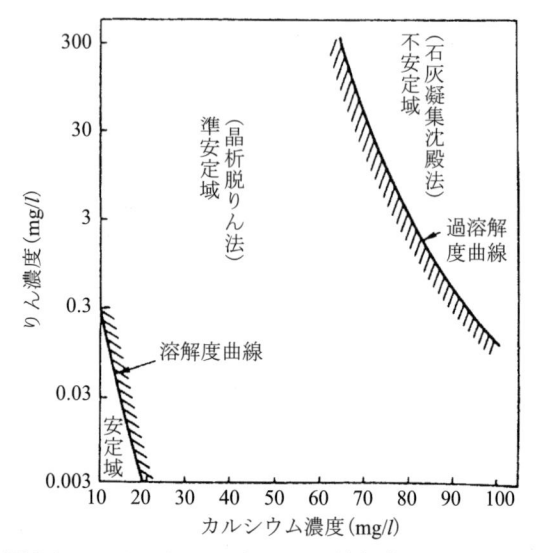

図 9.9 ヒドロキシアパタイトの溶解度に及ぼす
りん濃度とカルシウム濃度の関係 (pH = 8.5)

図9.8は,カルシウムイオン濃度が40mg/ℓの時におけるアパタイトの溶解度に及ぼすりん濃度とpHとの関係,また図9.9は,pHが8.5におけるりん濃度とカルシウム濃度の関係を示したものである[48]。

この図において過溶解度曲線を越えた不安定域ではアパタイトの微細な結晶が析出して沈殿するが,溶解度曲線と過溶解度曲線の間の準安定域では,アパタイトの晶析は起こらず,過飽和溶液の状態で溶存している。しかし,この過飽和溶液に石灰添加とpH調整を行い,粒状のりん鉱石,骨炭や水砕スラグなどのアパタイト結晶を種晶として添加し,接触させると,種晶の表面にアパタイトが晶析する。要するに,前者の現象を利用したのが石灰凝集沈殿法であり,後者を利用したのが晶析法である[5)41)42)49]。

晶析法によるりん除去の工程は,基本としては石灰添加によるpH調整工程(りんの除去効果はpHが9前後で高い)と晶析脱りん工程の2段階に基づいている。ただし,原水(りん除去対象水)に多量の炭酸イオンや重炭酸イオンが含まれている場合には脱炭酸工程をpH調整工程の前段に設ける必要がある[5)50]。

その理由は，それらのイオンはりん除去反応を阻害するとともに，pH調整工程で添加したカルシウム塩と液中や種晶の表面で炭酸カルシウムを生成し，アパタイトの晶析に影響を及ぼすためである。また，原水のSS成分の負荷がかなり高い場合には，晶析脱りん工程の前にろ過工程を設けるが[5)50)51)]，これは種晶の目づまりによるアパタイトの晶析効果を低下させないためである。

なお，最後に晶析脱りん法の利点としては，種晶にりんを晶析させるため，汚泥の発生が極めて少ないこと，装置がコンパクトなこと，そして特に，世界的にりん資源の枯渇が叫ばれている中で，種晶に晶析したりんを肥料あるいは工業用の原料として利活用できることである。

9.2.4 鉄材浸漬法

当該方法は，農業集落排水施設や家庭用浄化槽などの小規模な生活系排水処理施設を対象にして開発された技術である[52)~56)]。りん除去の原理は，水中に浸漬した鉄材の腐食に伴って溶出する鉄イオンが水中のりん酸イオンと結合し，生成するりん酸鉄塩 ($FePO_4 \cdot nH_2O$) などの不溶解性の非晶質 (アモルファス) を汚泥とともに沈殿させ，除去することに基づいている[55)]。

この方法の特徴は，室内実験および現場実証試験の結果から，長所として

- 凝集剤等の薬剤添加が必要でないこと
- 施設建設費や運転管理費が安価で，運転管理が容易なこと
- りん酸鉄塩のアモルファスは難溶解性であるため，長期間にわたる嫌気状態の汚泥貯留槽でもりんの溶出がないこと
- りん酸鉄塩のアモルファスは有効なりん酸含有量が多いので，肥料や老朽化水田の鉄分補給に利活用できること
- 処理水中に鉄イオンが溶出することにより凝集能が発現して，SS成分の除去率が高まること

などがある。短所としては，鉄材浸漬後に時間とともに，鉄材の表面に防食性皮膜が生成して鉄イオンの溶出が減少し，りんの除去率が低下することである。

しかし，この技術を生活系排水に比べりん濃度が低い河川水や排水路汚濁水へ適応することについてはきわめて難しい面があり，現在のところ，実用化レベルでの実例はほとんどない。特に，鉄材を腐食させ，長期にわたり持続的に鉄イオンを溶出させる条件の確立は難しく，著者らも，これまでに，その確立を目指していろいろな条件下で実験を繰り返し行ってきた[14)15)57)58)]。結果は，それぞれのある時空系列では，かなり評価し得るものもあったが，経済性，耐用性などの，いわゆる維持管理の省力化はもとより，鉄イオンの溶出の持続性を考慮した実用面では，必ずしも満足するものではなかった。

しかしながら，これらの実験結果の総括から，鉄材を用いた低濃度排水のりん除去には，基本的には嫌気条件下で汚濁水と鉄材を十分に接触させ，また鉄材に付着し増殖する生物膜の肥厚化を抑制するため，鉄材充填槽内の流動化（撹拌）を図ることが重要であるとの知見を得た。

以下では，実用化に向けさらに改良の余地が残っているものの，この知見に基づき実際の排水路汚濁水を対象にして行った現場実証実験を事例として紹介する。

事例　鉄材を用いた排水路汚濁水中のりん除去 [57)]

(1)　施設の構造

当該施設は，5.2.3項で述べた千葉県の富里町七栄地区の排水路に設置，そこの汚濁水をりん除去の対象とした。

施設の処理フローは，図9.10の概略図に示すように，排水路から配管を通して直接原水槽に導入した後，ポンプで第1計量槽に送り，自然流下で2つの嫌気槽（BODの除去，脱窒およびりんの除去を兼ねる槽：長さ$5\,m$×幅$0.4\,m$×深さ$0.4\,m$/1槽）と，2つの好気槽（硝化槽：1槽あたりの仕様は嫌気槽と同様），そして最終沈殿槽（容量：$0.2\,m^3$）を経て排水路に再び放流している。また，この装置では窒素の同時除去を行うため，第2好気槽には水中ポンプを設置して，硝化した液を第2計量槽に揚水して，自然流下で第1嫌気槽に循環している。

[9] 窒素およびりんの除去技術と事例   213

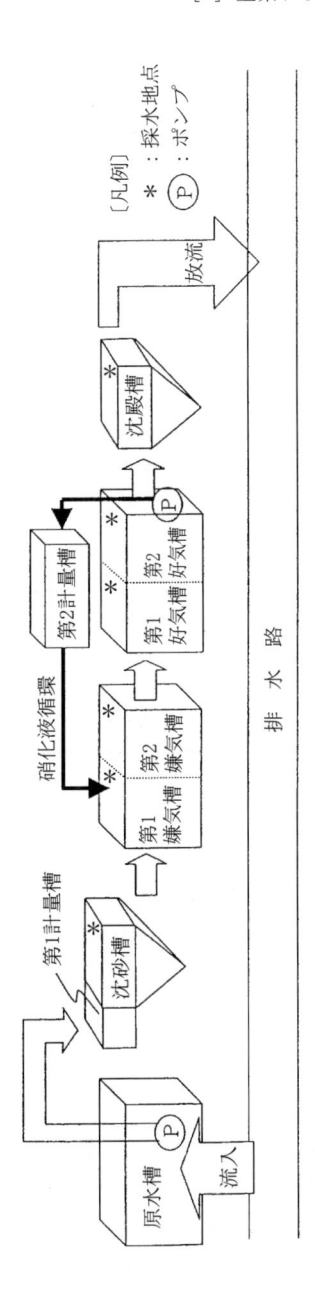

図9.10 鉄材を用いた排水路りん除去施設の概略図

(2) 充填接触材と実験条件

1) 実験1

嫌気槽は，図9.11に示すように，槽内の流動化を図るため中央部に水中ポンプ (0.75 kW, 吐出水量0.3〜0.4 m^3/min) を1台設置し，吐出口を槽の上・下流方向にそれぞれ向けてある．そしてそれら吐出口前面には鉄筋棒に垂下状に固定した2本のポリエステル系繊維のひも状接触ろ材 (写真8.1を参照) と，図9.12に示した仕様の鉄接触材 (写真9.1) を垂直に4本固定した架台を交互に全体で24列設置してある．また，好気槽はばっ気用水中ブロワー (出力：1.14 m^3/min) による全面ばっ気方式として，ひも状接触ろ材のみを全部で12列設置してある．

実験期間は，平成11年12月9日〜平成12年3月28日の110日間である．

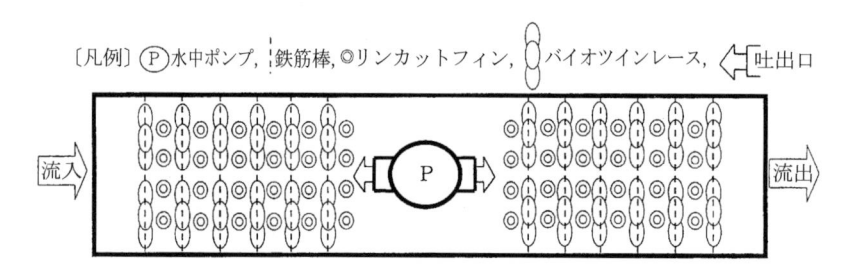

図9.11 嫌気槽における鉄接触材と水中ポンプの配置 (実験1)

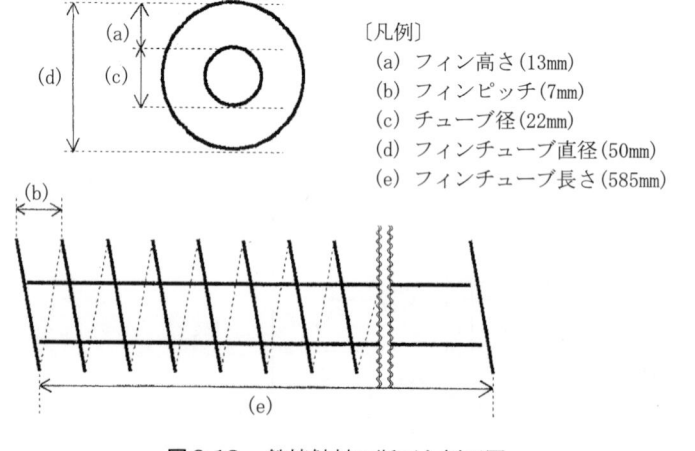

〔凡例〕
(a) フィン高さ(13mm)
(b) フィンピッチ(7mm)
(c) チューブ径(22mm)
(d) フィンチューブ直径(50mm)
(e) フィンチューブ長さ(585mm)

図9.12 鉄接触材の断面と側面図

写真 9.1 りん除去用の鉄接触材
(千葉県と県内企業との共同研究開発)

2) 実験 2

嫌気槽は槽内における流動の強化を図るため,図 9.13 に示すように,槽内に 2 台の水中ポンプを設置,そしてそれぞれの吐出口前面には実験 1 で用いた鉄材 (実験 1 の期間中に鉄材に付着し肥厚化した生物膜をブラシでこすり落とし再利用) の架台を 6 列と,その背後に 6 列の接触ろ材 (実験 1 で用いた同じろ材を軽く洗浄して再利用) をそれぞれ設置した。好気槽は実験 1 と同様である。

実験期間は,平成 12 年 3 月 28 日～平成 12 年 4 月 17 日の 20 日間である。

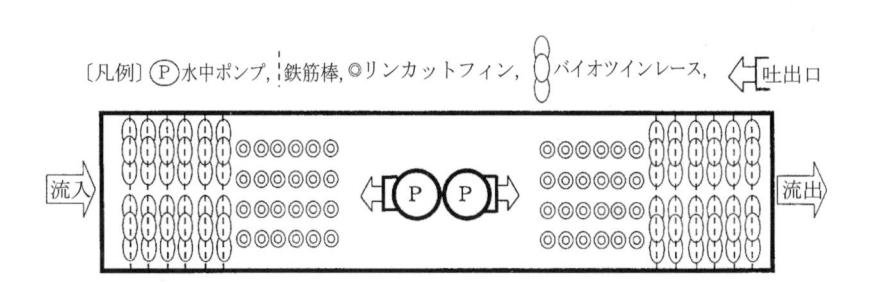

図 9.13 嫌気槽における鉄接触材と水中ポンプの配置 (実験 2)

(2) りんの除去効果と問題

施設への原水（排水路汚濁水）の流入量は，実験1が平均で$10\,\mathrm{m^3/日}$（最小$7.6\,\mathrm{m^3}$～最大$13.9\,\mathrm{m^3/日}$），実験2で$8.9\,\mathrm{m^3/日}$（7.1～$10.5\,\mathrm{m^3/日}$）であった。

図9.14は，原水および処理水のりんの濃度（$PO_4\text{-}P$）と除去率を示している。

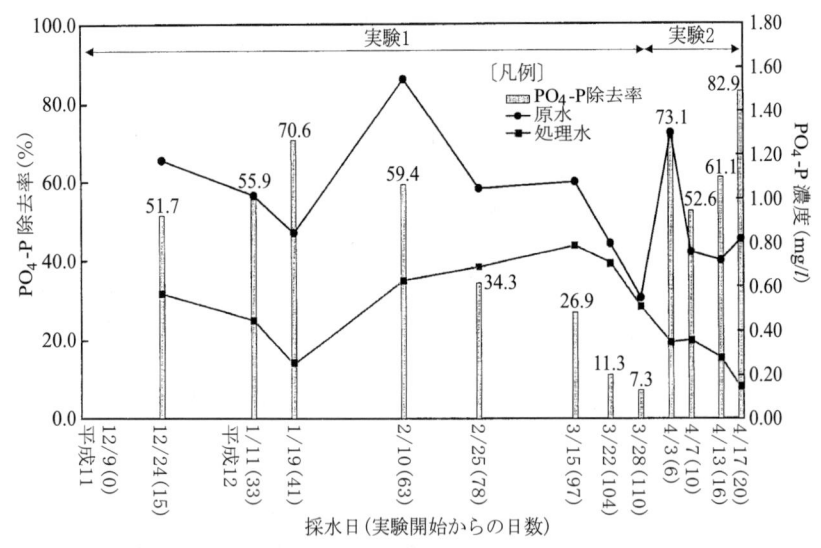

図9.14 排水路りん除去施設における原水・処理水のりん濃度（$PO_4\text{-}P$）と除去率

実験1における結果をみると，実験期間中，施設の清掃や汚泥の引き抜きなどの管理はほとんど行わなかったが，除去率で実験開始15日後に51.7％，41日後は最高の70.6％を示した。しかし，その後は徐々に減少し，110日後には7.3％を示すにすぎなかった。このため，直ちに実験2の条件を整え，実験を開始したところ，6日後には73.1％，20日後には82.9％と，すこぶる高い除去率が得られた（詳細については，文献[57]を参照）。

9.3 窒素およびりんの同時除去技術

　水域の窒素およびりんを同時に除去するもっとも一般的に知られている方法は，すでに第6章の湖沼浄化法として紹介した水生植物の植栽・回収と藻類抑制・除去（回収），また第8章の排水路浄化法として紹介した湿地（アシ原）の活用と植物の活用で述べたように，栄養塩類の吸収能を持つ植物の利活用である。しかし，これらの方法による最大の問題は，表6.3に示したホテイアオイの植栽・回収量や，表6.9のアオコの回収量に例をみるように，植物の生長が天候によって大きく変動し，除去効果が予測し得ないことである。このことは除去技術としての確立と信頼性に不安を残すことになる。

　このようなことから，現実には本章ですでにいろいろと紹介した生物学的および物理化学的な脱窒法と脱りん法の組み合わせやその改良，また変法などによる技術，たとえば

1. 嫌気・好気法と硝化液循環法を基本とした組み合わせによる生物学的窒素・りん同時除去法
2. 生物学的窒素除去法と化学的りん除去法の組み合わせによる方法
3. 生物学的窒素・りん除去法に，さらに化学的りん除去法を組み合わせた方法

などが利用可能といえる[60]。なかでも，下水処理などで実施事例の多いBardenpho法，A_2O法，UCT法などの生物学的窒素・りん同時除去法は有望視されているが[9,61]，技術上の問題としてBODの酸化，硝化，脱窒，脱りんの各作用が均衡に機能しない。要するに各反応に関与するそれぞれの微生物の制御とその維持管理について，今後の研究・開発が待たれるところである。

　いずれにしても，これらの技術については，すでに数多くの解説や実例を紹介した文献などがあるので（たとえば，文献[9,60]～[64]），それらの熟読を願い，この章を終えることにする。

【文献】

1) 望月時男：窒素・りん規制対象湖沼の大幅追加と湖沼浄化の行方―環境庁告示から―, 資源環境対策, 34(15), 1372-1378 (1998)
2) 山崎卓三：水質総量規制の経緯と第5次水質総量規制の行方, 資源環境対策, 36(16), 1413-1430 (2000)
3) 藤村葉子：生活排水の汚濁負荷発生原単位と浄化槽による排出率, 千葉県水質保全研究所年報（平成7年度）, 33-38 (1996)
4) 金子光美・河村清史・中嶋 淳（編著）：生活排水処理システム, 技報堂出版, 325pp., 東京 (1998)
5) 須藤隆一・桜井敏郎・森 忠洋・岡田光正（編）：富栄養化対策総合資料集, サイエンスフォーラム, 538pp., 東京 (1983)
6) 洞沢 勇（編著）：特殊生物処理法, 思考社, 166pp., 東京 (1984)
7) 井出哲夫：(第二版) 水処理工学―理論と応用―, 技報堂出版, 732pp., 東京 (1990)
8) 松尾吉高：窒素除去の向上を目的とした排水処理―生物学的硝化脱窒法を中心として―, 排水処理技術講演集―窒素・りんの対策技術―, 環境保全資料, No.175, 横浜市環境保全局, 1-12 (1994)
9) 古川憲治：生物学的窒素除去技術, 第24回日本水環境学会セミナー「窒素, りん規制の動向と排水処理技術」講演資料集, 日本水環境学会, 74-86 (1994)
10) 木曽祥秋：水素供与体としてのメタノール等の添加について, 月刊「浄化槽」, No.259, 69 (1997)
11) 本橋敬之助・酒井祐介・村山幸雄：硝化液循環法を用いた河川水の窒素除去, 水処理技術, 40(11), 535-541 (1999)
12) 千葉県環境部：平成10・11年度エコテクサポート制度による「窒素・りん対策型河川・都市排水路浄化施設の開発」共同研究成果報告書, 平成12年2月4日 (未発表)
13) 本橋敬之助：不織布接触ろ材を用いた排水路の水質浄化, 水処理技術, 37(3), 137-143 (1996)
14) 本橋敬之助・西堀 寧・山内 隆・関根啓蔵：鉄-ステンレス接触材を用いた排水路からのりん除去, 水処理技術, 37(49), 560-565 (1996)
15) 本橋敬之助：BOD, 窒素およびりんの同時除去の試み―印旛沼流域の排水路浄化モデル施設を例にして―, 月刊「水」, 40(12), No.572, 29-34 (1998)
16) 橋本 奨：固定化微生物による排水処理, 用水と廃水, 29(8), 725-734 (1987)
17) 角野立夫・中村裕紀・森 直道・江森弘祥：包括固定化微生物を用いた排水処理, 用水と廃水, 34(11), 935-940 (1992)
18) 森 直道・角野立夫・白井正明：包括固定化法による排水の高度処理, 資源環境対策, 29(11), 1057-1062 (1993)

19) 浦田健一・村上孝雄・野月宏美・樋川資朗・篠田 猛・白井正明：包括固定硝化細菌による窒素除去技術の開発, 環境研究, No.103, 4–13 (1996)
20) 柏谷 衛：硝化液循環法による排水中の窒素除去技術の最近の進歩, 環境管理, 30(4), 294–300 (1994)
21) 大西淋聰：窒素除去に関する技術動向, 環境管理, 30(7), 643–652 (1998)
22) 奥山 亮：固定微生物を用いた窒素除去, 環境管理, 30(7), 653–657 (1998)
23) 公害防止の技術と法規編集委員会編：五訂・公害防止の技術と法規 (水質編), 産業環境管理協会, 688pp., 東京 (1995)
24) 関川泰弘：固定床による窒素除去, 環境管理, 34(7), 658–662 (1998)
25) 稲森悠平・高井智丈・須藤隆一：生活排水対策のための浄化槽技術の動向, 第30回日本水環境学会セミナー「最近の水処理技術の動向」講演資料集, 94–112 (1996)
26) 片貝信義・石垣 力・和田康里・小泉裕三：生物ろ過法を用いた高性能小型合併処理槽, 月刊「浄化槽」, No.254, 42–48 (1997)
27) 山本康弘・岩渕健司・福岡昌貴：生物膜ろ過法を用いた高度合併処理浄化槽の開発, 月刊「浄化槽」, No.254, 55–60 (1997)
28) 山本康弘・北浜弘幸・長屋利郎：生物ろ過プロセスによる高度処理, 用水と廃水, 34(11), 926–934 (1992)
29) 福田寛充：生物膜ろ過法による下水の高度処理, 用水と廃水, 37(6), 461–468 (1995)
30) 大木道則・大沢利明・田中元治・千原秀昭：化学大辞典, 東京化学同人, 2753pp., 東京 (1989)
31) 佐藤敦久 (編著)：水処理—その新しい展開—, 技報堂出版, 278pp., 東京 (1992)
32) 稲森悠平・須藤隆一：生物学的りん除去の最近の動向, 用水と廃水, 24(10), 1095–1110 (1982)
33) 辻 幸雄：りんの化学的除去法 (1),「PPM」, 25(5), 86–94 (1994)
34) 稲森悠平・佐野亮一：(海外文献紹介) 第11回国際水質汚濁研究協会 (IAWPR) における生物学的りん除去プロセスセミナーの発表論文抄録集, 用水と廃水, 24(9), 1057–1068 (1982)
35) 国安祐子・石崎勝久：(海外文献紹介) 第11回国際水質汚濁研究協会 (IAWPR) における生物学的りん除去プロセスセミナーの発表論文抄録集, 用水と廃水, 24(10), 1179–1183 (1982)
36) 国安祐子・寺園克博・奥山恵美・土屋重和：(海外文献紹介) 第11回国際水質汚濁研究協会 (IAWPR) における生物学的りん除去プロセスセミナーの発表論文抄録集, 用水と廃水, 24(11), 1301–1310 (1982)
37) 味埜 俊：生物学的りん除去技術, 第24回日本水環境学会セミナー「窒素, りん規制の動向と廃水処理技術」講演資料集, 日本水環境学会, 59–73 (1994)

38) 古畑義正・安斉純雄：嫌気・好気によるりんの除去, 用水と廃水, 24(10), 119–1126 (1982)
39) 住吉盛幸・森 直道・大竹康友：嫌気・好気による生物学的脱りん, 用水と廃水, 24(10), 1135–1140 (1982)
40) 佐々木正一・明賀春樹：Anaerobic-Oxicシステムによる生物学的脱りん法, 用水と廃水, 24(10), 1157–1161 (1982)
41) 猪狩俶将：工場排水中の窒素・りんの除去技術, 産業公害, 18(9), 784–796 (1982)
42) 小越真佐司：物理化学的りん除去技術, 第24回日本水環境学会セミナー「窒素, りん規制の動向と排水処理技術」講演資料集, 133–144 (1994)
43) 村山勝男：排水中のりん除去システムの評価, 排水処理技術講演集—窒素・りんの対策技術, 横浜市環境保全局・環境保全資料, No.175, 13–34 (1994)
44) 北尾高嶺：各種脱窒素・脱りん法の評価と今後の課題, 公害と対策, 14(8), 822–831 (1978)
45) 松本利通：3次処理としての脱りん, 用水と廃水, 20(1), 63–69 (1978)
46) 渡辺義公：凝集法によるりん除去技術, 水質汚濁研究, 11(10), 611–616 (1988)
47) 楠本政康・久川和彦・矢木 博・須藤隆一・小川 浩・高木宗恵：廃鉄と廃酸によって作った凝集剤によるりん除去, 用水と廃水, 21(10), 1134–1143 (1979)
48) 東京都下水道局：接触 (晶析) 脱りん法の解説 (1983)
49) 砂原広志：晶析法によるりん除去技術, 水質汚濁研究, 11(10), 617–612 (1988)
50) 小越真佐司・小泉秀一・京才俊則・小堀和夫：晶析脱りん法によるりん除去, 下水道協会誌, 20(230), 50–61 (1983.7)
51) 上甲 勲：晶析法による排水中のりん除去, 公害と対策, 27(11), 1051–1056 (1991)
52) 西口 猛・高橋 強・治田伸介：鉄接触材を用いたりん除去 (1) —回転円板方式—, 用水と廃水, 31(11), 959–966 (1989)
53) 西口 猛・高橋 強・治田伸介：鉄接触材を用いたりん除去技術 (2) —接触ばっ気方式—, 用水と廃水, 31(11), 967–974 (1989)
54) 西口 猛・高橋 強・治田伸介：鉄接触材を用いたりん除去技術 (3) —回分式間欠ばっ気方式による窒素・りん同時除去法—, 用水と廃水, 31(12), 1067–1075 (1989)
55) 西口 猛：鉄接触材を用いたりん除去技術 (4) —鉄材利用による脱りんの原理—, 用水と廃水, 32(3), 239–249 (1990)
56) 治田伸介・高橋 強・西口 猛：鉄ろ材嫌気性ろ床方式のりん除去特性に関する基本的研究 (1), 農土論, No.166, 45–53 (1993)
57) 本橋敬之助・村山幸雄・酒井裕介：鉄接触材を用いた排水中のりん除去に関する二, 三の知見, 水処理技術, 39(12), 595–601 (1998)

58) 村山幸雄・本橋敬之助・酒井裕介：鉄接触材を用いた嫌気条件下でのりん除去, 水処理技術, 40(3), 107-111 (1999)
59) 村山幸雄・本橋敬之助・石浜謙一・飯塚孝之・酒井裕介：鉄材を用いた排水路汚濁水中のりん除去の実用化, 水処理技術, 41(10), 471-478 (2000)
60) 森山克美：生物学的窒素・りん除去法の現況と課題, 下水道協会誌, 29(338), 59-64 (1992.3)
61) 小堀和夫・清水俊昭：下水道における窒素・りんの除去技術, 産業公害, 18(9), 797-806 (1982)
62) 野池達也：脱りん技術の現状と課題, 水質汚濁研究, 17(10), 594-599 (1984)
63) 深瀬哲郎・柴田雅秀・宮地有正：生物による窒素, りんの同時除去, 用水と廃水, 34(40), 836-842 (1992)
64) 高木敏夫：嫌気・無酸素・好気法による下水中の窒素・りんの同時除去と高効率除去法, 用水と廃水, 39(6), 499-504 (1997)

索　引

【あ】
アオコ　65, 67
　―の成分　72
　―の肥料成分　71
　―分離脱水装置　68
アカムシ　169
悪臭物質　110
アシ　165
アシ原　162
亜硝酸化　189
亜硝酸菌　189
亜硝酸呼吸　190
亜硝酸性窒素　186
アパタイト　209
　―結晶　210
アミン基　201
アモルファス　211
アルカリ金属　200
アルカリ度成分　204
アルカリ土類金属　200
アルミニウムイオン　205
アルミニウム塩　205
アルミノ珪酸塩　200
アルミン酸ナトリウム　205
アンスラサイト　159, 178

【い】
イオン交換基　200
イオン交換樹脂法　199
一般排水路　139

移動型アオコ分離脱水装置　68
イトミミズ　169
陰イオン交換基　201
印旛沼　56
飲料水かび臭　95

【え】
衛生害虫　146, 161
A_2O法　217
栄養塩類の吸収能　46, 174
SS成分　106
SSの除去　106
越流水深　107
塩化第2鉄　205
沿岸帯植物群落　171
塩基性塩化アルミニウム　205
炎色藻類　63

【お】
大型水生植物　64
大堀川　39
オゾン酸化法　179
汚濁泥　85
汚濁負荷削減　18
汚濁負荷量　140
汚濁防止膜　84
汚泥滞留時間　190
汚泥の処理・処分　142, 160
汚泥発生量　152
オトコヒシ　58

オニヒシ　58
オーバーランド　121
オランダガラシ　47, 173
御宿ダム　90

【か】
貝化石　174
海岸湿地　162
回帰　81
回収サブシステム　173
回収ホテイアオイの成分含有量　54
回転円板法　198
回転接触体法　198
回転バケット式浚渫船　84
カオリン　88
化学的作用　2
化学的処理　202
花卉類　170
過剰摂取　202
河川環境整備　103
　　―事業　27, 108
河川管理　103
河川敷　105
河川中の溶存酸素　110
河川の浄化技術　104
活性汚泥変法　196
活性汚泥法　179, 196
活性炭　154
　　―吸着法　179
カッターヘッド式　84
合併処理浄化槽　17
家庭内雑排水対策　18
可動堰　106
鹿沼土　174
過溶解度曲線　210
カルシウムイオン　204
カルシウムヒドロキシアパタイト　204
カルボン酸基　201
川砂　123
潅漑　121
環境学習　156, 176
環境基準　34

環境教育　56
還元分解　144
含泥率　80
桑納川　122

【き】
季節的湿地　162
拮抗関係　62, 65
気泡噴射式　110
休耕田　88, 122, 156
吸収　106
急速ろ過法　178
吸着　105, 106
強酸性基　201
凝集剤　88, 177
凝集沈殿　105
　　―処理　202
　　―法　177
凝集補助剤　177
極力薄層　79
金属塩凝集沈殿法　204

【く】
グラブ掘削工法　80
グラブ浚渫船　79
群落　166

【け】
けい藻類　63
形態別COD　36
下水道の普及　15
下水の三次処理水　103
結合固定化法　197
嫌気・好気活性汚泥法　203
嫌気・好気生物学的脱りん法　203
嫌気性菌　146
嫌気的分解　111
原生動物　146
懸濁態アオコ　70
懸濁態物質　106

索　引　　**225**

【こ】
高圧薄層フィルタープレス　88
高含泥率　79
好気性微生物　107
好気的分解　111
恒久的湿地　162
光合成　63
高次処理　170
高水路　105
合成ゼオライト　200
高層湿原　163
香草類　170
高窒素除去技術　189
高度処理　122
高濃度・薄層浚渫技術　79
高濃度薄層浚渫船　88
厚密度　123
固液分離　202
コオニヒシ　58
黒色泥　85
コケ湿原　162
湖沼水質保全特別措置法　25
骨炭　210
固定堰　106
ゴム引布製起伏堰　116
混合微生物群　146
根菜類　170

【さ】
再生水　122
埼玉産黒ボク土　166
最低必要濃度　16
栽培サブシステム　173
再ばっ気　107
　　—量　110
再利用サブシステム　173
サカマキガイ　169
ザクロ石　178
ササバモ　57
殺藻　65
雑排水個別処理施設　18
雑排水の用途別汚濁負荷量原単位　18

佐鳴湖　36
サヤユレモ　65
酸化池　169
酸化還元電位　146
酸化分解　144
散気管　110
散気装置　110
サンゴ　123
散水ろ床法　198
酸素の溶解率　111
3大害草　47

【し】
ジェオスミン　95
自己固定化法　197
支持体　198
自浄作用　2
自然湿地　164
自然沈砂池　116
自濁作用　2
湿性植生　163
湿性植物　167
湿地　161, 162
　　—の植生　165
　　—の定義　163
指定湖沼　25
至適水温　190
し尿処理場　18
し尿対策　187
弱塩基性基　201
弱酸性基　201
遮光ネット　64
斜プロチル沸石　200
重金属の溶出　79
修正UCT　203
集泥方法　80
種晶　210
取水堰　116
循環　94
浚渫　104, 109
　　—技術　79
　　—事業　27

―深度　88
　　―土砂捨て場　80
　　―の浄化原理　81
　　―ヘドロ　166
準用河川　28
浄化　3
硝化　146
硝化液　189
　　―循環比　192
　　―循環方式　148
硝化菌　89
硝化作用　89
硝化槽　189
浄化槽法の一部改正　13
硝化反応　189
浄化目標　34
浄化用水導入　103, 108
硝酸化　189
硝酸菌　189
　　―阻害物質　190
　　―の活性　190
硝酸呼吸　191
硝酸性窒素　186
浄水汚泥　123
晶析脱りん工程　210
消石灰　88
沼沢地　162
植栽囲場　49
植物の利活用　217
処理サブシステム　173
処理性能　17
白鷺　119
シルト質軟泥　85
人工アシ湿地　167
人工湿地　165
人工芝　152
浸潤マット法　121
親水機能　103
新鮮物重量　51
深層ばっ気法　94
浸透流れ方式　166

【す】
水域浄化対策　21
水域の汚濁　2
水域の汚濁程度　63
水温躍層　89
水耕栽培に可能な花卉　176
水耕生物ろ過法　168
　　―に適する植物　169
水砕スラグ　210
水酸化アルミニウム　205
水酸化第2鉄　206
水質汚濁発生負荷原単位　186
水質浄化方法　21
水質総量規制　6, 186
水質の汚濁発生源　7
水生植物　44, 56, 167
水生の維管束植物　44
水生のシダ植物　44
水生の種子植物　44
水生ミミズ類　146
吹送流　89
水素供与体　191
　　―量　191
水中撹拌式　110
水田潅漑法　121
水田表土　166
水道水着色障害　89
水路敷　142
スカム集積　119
砂ろ過法　209
スプリンクラー潅漑法　121
スルホン酸基　201

【せ】
生活環境の保全に関する環境基準　34
生活雑排水　9
生活排水　9, 141
　　―対策とその体系　11
　　―対策補助制度　26
　　―の発生源対策　13
　　―量　140
生活排水汚濁水路浄化施設整備事業　26

索引　　**227**

――実施要項　26
生態系の創造　171
生物学的作用　2
生物学的処理　143
生物学的窒素・りん同時除去法　217
生物学的方法　188, 196
生物学的りん除去方法　202
生物酸化　106
生物体の導入　171
生物の優占種　63
生物膜　111
　　――の形成　198
　　――の剥離　108
　　――法　159, 198
生物ろ過　106
　　――法　198
清流ルネッサンス21　28
ゼオライト　174, 200
　　――法　199, 200
せせらぎ　107
石灰凝集沈殿法　204
石灰添加　210
接触材　143
接触酸化　95, 130, 144
接触沈殿　105, 111, 130, 144
接触ばっ気法　198
接触ろ材　95, 144
　　――充填法　144
　　――接触酸化法　144
　　――の種類　145
セメント固化処理　88
全COD　37
全層ばっ気循環法　94

【そ】
相乗作用　108
総量規制の対象項目　186
藻類の除去(回収)　65
藻類の抑制　64
粗大気泡式　110

【た】
耐塩性　166
大気の浄化　171
耐候性　166
第5次水質総量規制　186
台所排水対策　19
対流　89
滞留時間　74, 170
高滝ダム湖　90
高根川　131
多孔質ろ材　178
脱水アオコ　70
脱炭酸工程　210
脱窒　146
　　――槽　189
　　――反応　189
種株　50
多摩川　120
Turn over　89
炭酸カルシウム　204
炭酸源　63
断続導水　76
単独処理浄化槽　13, 17

【ち】
地下水汚染　88
竹炭　154
治水機能　103
窒素ガス　189
窒素の存在形態　189
窒素・りん規制湖沼　185
窒素・りん規制対象湖沼の要件　185
窒素・りんの排水基準　185
地表流下　121
抽水植物　44
チョウバエ　146, 161
直接浄化　27, 104
　　――方式　21
直接方式自然流下型　153
直轄河川環境整備事業　27
沈水植物　44
沈殿　105

―槽　189

【つ】
通性嫌気性菌　190
ツリガネムシ　169

【て】
低湿地　162, 164
　　―の植生　165
底質の暫定除去基準　79
低水路　105
底生生物　81
低層湿原　163
底泥高度脱水処理　88
堤内地　105
手賀沼　5, 36, 48
鉄イオン　211
鉄塩　205
鉄材の腐食　211
鉄接触材　214
天然鉱物ろ材　173
天然砂　178
天然ゼオライト　200

【と】
導水　74
　　―事業　27
透水係数　123
特殊工法　80
特殊な有害成分　33
独立栄養細菌　189
都市排水路　139, 142
土壌改良　88
土壌浸透　105
　　―浄化　121, 171
　　―の方式　121
土壌生態系　121
土壌の目づまり　122
土壌粒径　123
ドリップ潅漑法　121
トレンチ　121

【な】
内部汚濁発生源　78
内部生産COD　37
内陸湿地　162, 164
波板ろ材充填浄化施設　157

【に】
濁りの拡散防止　84
2次汚染　79
2次汚濁　2
2次処理水　122, 174
西除川薄層流浄化施設　108
ニセネンジュモ　65
2層分離ばっ気循環法　94
Nitrosomonas　189
Nitrobactor　189
2-メチルイソボルネオール　95

【の】
農地還元　169

【は】
排出汚濁負荷量　141
排水路の浄化　141
薄層浚渫　84
薄層流　104, 107
播種　176
ばっ気　143
　　―装置　110
バックホー浚渫船　84
発泡プラスチック　159
抜本的な富栄養化対策　187
Bardenpho　203
　　―法　217
早瀬　111

【ひ】
非汚濁泥　85
微細気泡式　110
ヒシ　58
　　―の成分含有率　61
ビジュアル的モデル　156

索　引　**229**

微小後生動物　146
微小鞭毛虫　65
人の健康の保護に関する環境基準　33
ヒドロキシアパタイト　209
被覆　78
ヒメヒシ　58
ひも状特殊担体　150
表面流れ方式　166
平瀬　111
琵琶湖南湖盆　81
貧毛類　146

【ふ】
富栄養化　2
Phoredox　203
不活性化処理　78
複合機能　164
覆土　78
淵　111
付着微生物の増殖　108
物理化学的方法　188
物理的希釈　74, 109
物理的作用　2
浮遊生活　63
不溶解性の非晶質　211
浮葉植物　44
フライアッシュ　78
分解無機化　146
分子状酸素　190
分離浄化方式　21

【へ】
ヘドロ　81, 107
　―の洗掘　108
　―の沈降抑制　108
pH調整工程　210

【ほ】
包括固定化法　197
防臭　94
防食性皮膜　211
保水機能　103

ホテイアオイ　47, 173
　―の利活用　52
　―葉茎中の重金属成分含量　55
ポリ塩化アルミニウム（PAC）　205, 206
ポリ塩化ビニリデン系繊維　133
ポリプロピレン系繊維　150
ポリリン　205
ポンプ吸引工法　80
ポンプ式浚渫船　79

【ま】
マイア　162
膜分離法　179

【み】
ミクロキステス　65
水草刈り取り船　59
水辺環境　103
ミズモクサ　58
密度流　89
緑虫類　63

【む】
無煙炭　159, 178
無機塩類　177
無機態窒素　189
無酸素水　90
無酸素層水　81

【め】
メタノール　192
目づまり　154

【も】
毛管浸潤トレンチ法　121
木炭　154
モツゴ　84, 119
モルタル用細目砂　166

【や】
薬草類　170
谷津田　88

【ゆ】
有機高分子化合物類　177
有機水耕栽培法　168
有機性物質の指標　187
有機態窒素　189
有機炭素源　191
有機りん　205
UCT法　217
ユスリカ　146, 161, 169

【よ】
陽イオン交換基　201
溶解性COD　37
溶解性BOD　128
溶解度曲線　210
葉菜類　170
溶出　78
　　─の抑制対策　78
溶存酸素の垂直濃度分布変化　93
溶存態窒素　189
ヨシ　174
余剰汚泥　202
余水処理　80

【ら】
らん藻　65
　　─類　63, 66

【り】
利水機能　103
利水目的　34
リビングフィルターの対象植物　171
硫化水素　81
硫酸アルミニウム　205
硫酸第1鉄　205
硫酸第2鉄　205
硫酸バンド　205
粒状態窒素　189
流動化　73
流動床法　159
緑藻類　63
りん鉱石　210

りん酸アルミニウム　205
りん酸吸収係数　123
りん酸鉄　206
　　─塩　211
りんの溶出抑制　78

【れ】
礫　143
　　─の目詰まり　108
礫間接触酸化　111
　　─法　104
連行加入　110
連続導水　76

【ろ】
ろ過　105
　　─工程　211
　　─材　105
　　─法　178
ろ材　143
　　─の摩耗　159
ろ布　68

【わ】
輪虫類　146

著者紹介

本橋 敬之助（もとはし けいのすけ）

1942年　千葉県出身
1970年　東北大学大学院博士課程修了・農学博士
2001年　千葉県環境研究センター　排水研究室長
現在　　財団法人　印旛沼環境基金

[著書]　『閉鎖性水域環境と浄化』（公害対策同友会）
　　　　『命の水を守る』（海文堂出版）
　　　　『湖沼・河川・排水路の水質浄化』（共著：海文堂出版）
　　　　『印旛沼・手賀沼―水環境への提言』（分担執筆：古今書院）
　　　　他，分担執筆書多数

ISBN 4-303-58820-2　　　　　水質浄化マニュアル　―技術と実例―

2001年9月25日　初版発行　　　　　　　　　　　Ⓒ K.MOTOHASHI 2001
2004年4月10日　3版発行

著　者　本橋敬之助　　　　　　　　　　　　　　　　　検印省略
発行者　岡田吉弘
発行所　海文堂出版株式会社

　　本　社　東京都文京区水道 2-5-4（〒112-0005）
　　　　　　電話 03(3815)3292　FAX 03(3815)3953
　　　　　　http://www.kaibundo.jp/
　　支　社　神戸市中央区元町通 3-5-10（〒650-0022）
　　　　　　電話 078(331)2664

日本書籍出版協会会員・工学書協会会員・自然科学書協会会員

PRINTED IN JAPAN　　　　　　　　　印刷　ディグ／製本　小野寺製本

本書の無断複写は，著作権法上での例外を除き，禁じられています。本書
は，(株)日本著作出版権管理システム（JCLS）への委託出版物です。本書を複
写される場合は，そのつど事前に JCLS（電話 03-3817-5670）を通して当社の許
諾を得てください。

関連書籍

湖沼・河川・排水路の水質浄化
―千葉県の実施事例―

本橋敬之助・立本英機 著
A5・140頁・定価（本体2,000円＋税）／ISBN4-303-01009-X

千葉県で実施されている湖沼の浄化法や河川・排水路に設置されている様々な水質浄化施設を紹介するとともに、それぞれにおける維持管理と費用、浄化効果、問題と課題を、現地の聞取り調査などからまとめた手引書。

＜目　次＞

第1章　水質汚濁の現状
第2章　水質汚濁の防止対策
　2.1　汚濁発生源対策
　2.2　水質直接浄化対策
第3章　水質浄化対策の現状
　3.1　水質浄化方法と体系
　3.2　水質保全対策と水質浄化
　　3.2.1　水質浄化に対する取り組み
　　3.2.2　水質浄化施設の設置および整備における補助金制度
第4章　水質浄化方法と実施事例
　4.1　湖沼における水質浄化
　　4.1.1　浚渫法
　　4.1.2　藻類・水生植物回収法
　　4.1.3　水生植物の植栽・回収法
　4.2　河川における水質浄化法
　　4.2.1　礫間接触酸化浄化法
　　4.2.2　礫間接触酸化浄化法と土壌浸透浄化法の組み合わせ法
　4.3　排水路における水質浄化
　　4.3.1　直接浄化方式による接触ろ材充填浄化法
　　　4.3.1.1　芝状ろ材充填浄化施設
　　　4.3.1.2　波形平行板ろ材充填浄化施設
　　　4.3.1.3　マット状ろ材充填浄化施設
　　　4.3.1.4　木炭充填浄化施設
　　　4.3.1.5　礫充填浄化施設
　　4.3.2　直接浄化方式による移設式沈殿槽設置浄化法
　　4.3.3　分離浄化方式による休耕田利用の接触ろ材充填浄化法
　　4.3.4　分離浄化方式による接触ばっ気浄化法
　　　4.3.4.1　流動床式接触ばっ気浄化施設
　　　4.3.4.2　固定床式接触ばっ気浄化施設
　　4.3.5　分離浄化方式によるばっ気付き礫間接触酸化浄化法
第5章　まとめにかえて

命の水を守る
―私たちにできること―

本橋敬之助 著
四六・152頁・定価（本体1,200円＋税）／ISBN4-303-58830-X

今日における水質汚濁の現状と、これから刻々と迫りくる水の危機を目前にして、いま水を守るために私たちは何ができるのかを読者とともに考える。新聞などで報道されたいろいろな記事を紹介しながら、第1章と第2章では、まず世界と日本における水事情、第3章と第4章では、日本における水の汚れの原因とその対策について触れる。そして最後の第5章ではいのちの水を守る術としての躾の現状と、そのあるべき姿について、家庭、食生活、そして自然との交わりを通して考える。